AF313950

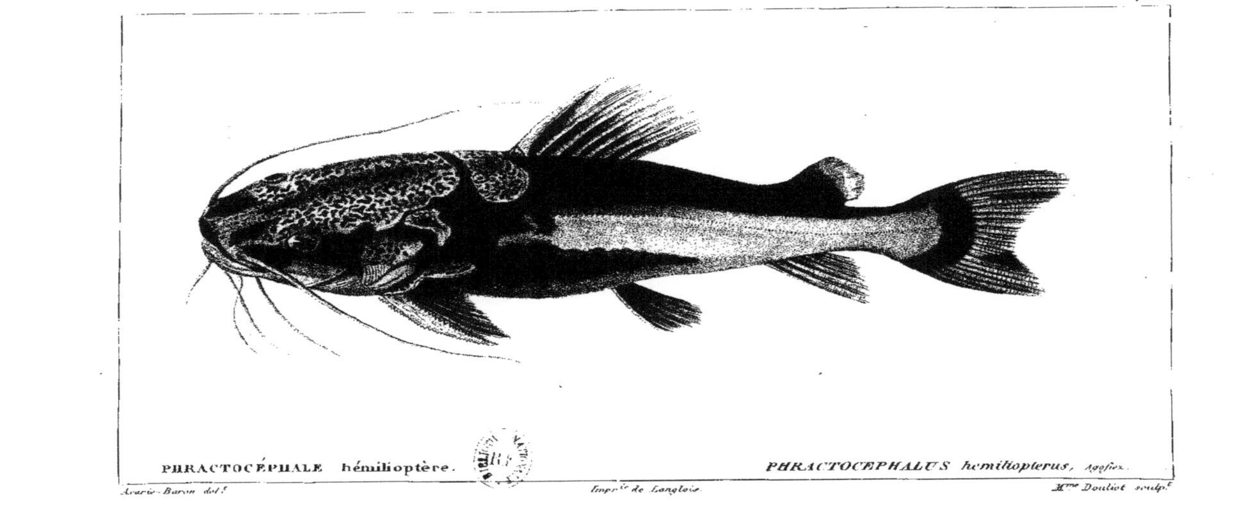

PHRACTOCÉPHALE hémilioptère.　　　PHRACTOCEPHALUS hemiliopterus, Agassiz.

Acarie Baron del.t　　　Impr.ie de Langlois.　　　M.me Douliot sculp.t

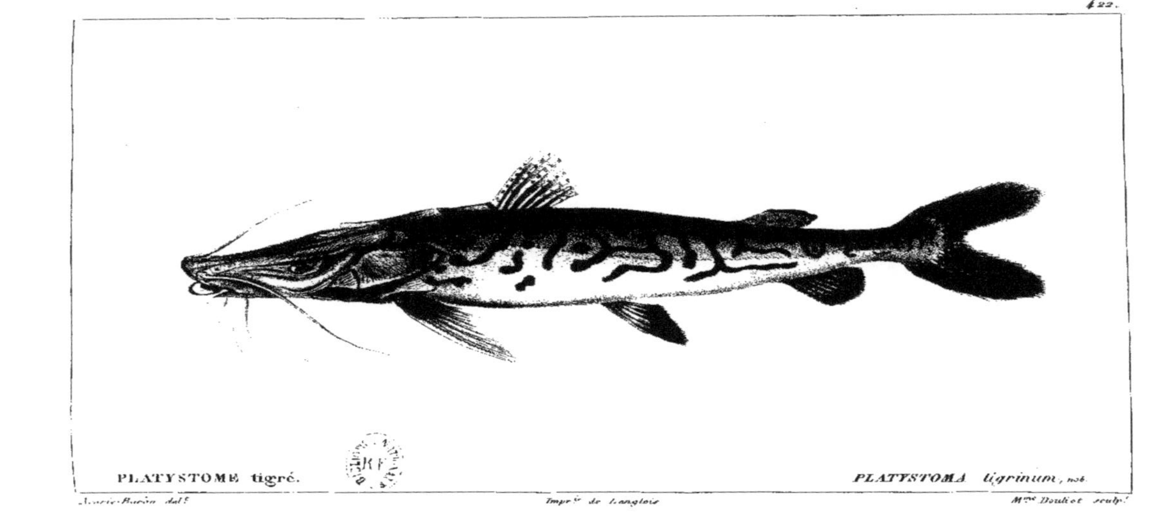

PLATYSTOME tigré.   PLATYSTOMA tigrinum, n.b.

Marie-Barin del.   Impr.ie de Langlois   M.me Doultet sculp.

423

PLATYSTOME de Vaillant.

PLATYSTOMA Vaillantii

Acarie-Baron del.

Imp.té de Langlois.

M.me Deslat sculp.t

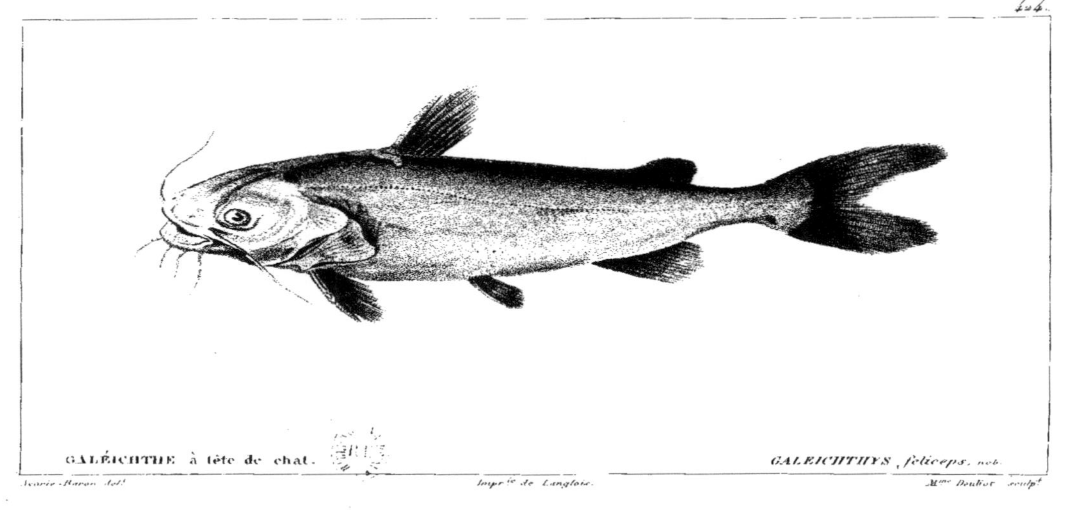

GALÉICHTHE à tête de chat.　　　　　GALEICHTHYS feliceps, nob.

Acarie-Baron del.　　　Impr.ie de Langlois.　　　Mme Douliot sculp.t

425 - 426.

PANGASIE de Buchanan.   PANGASIA Buchanani, val.

SILUNDIE du gange.   SILUNDIA gangetica, val.

Acarie-Baron del.   Impr.ie de Langlois.   Bourgeois sculp.t

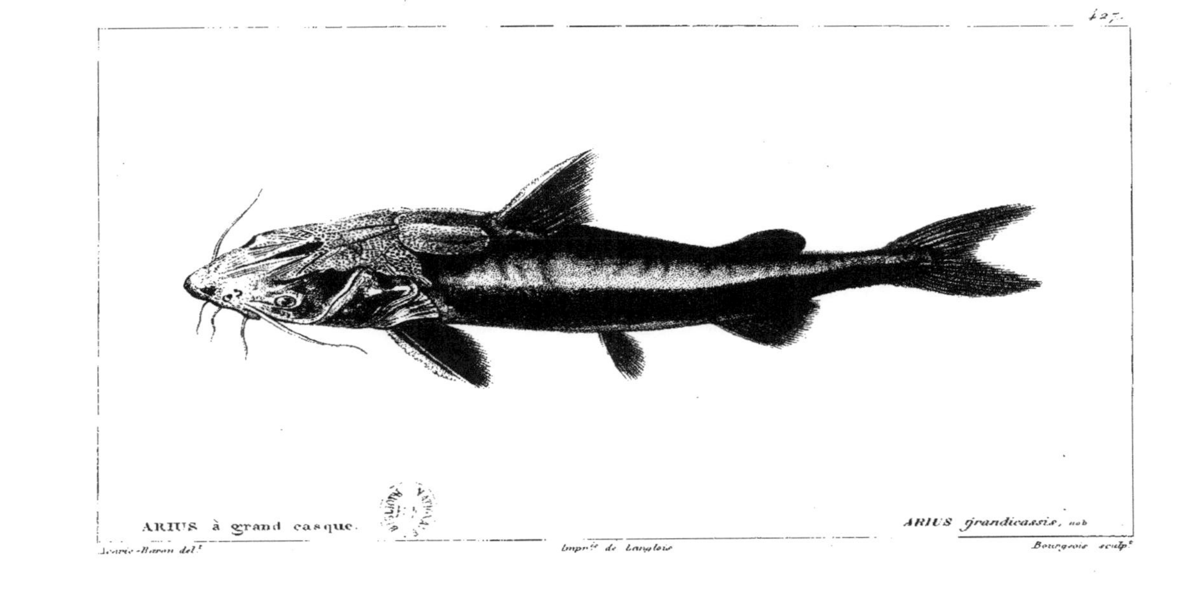

ARIUS à grand casque.

ARIUS grandicassis, nob.

Lesueur-Baron del.

Imprié de Langlois

Bourgeois sculp.

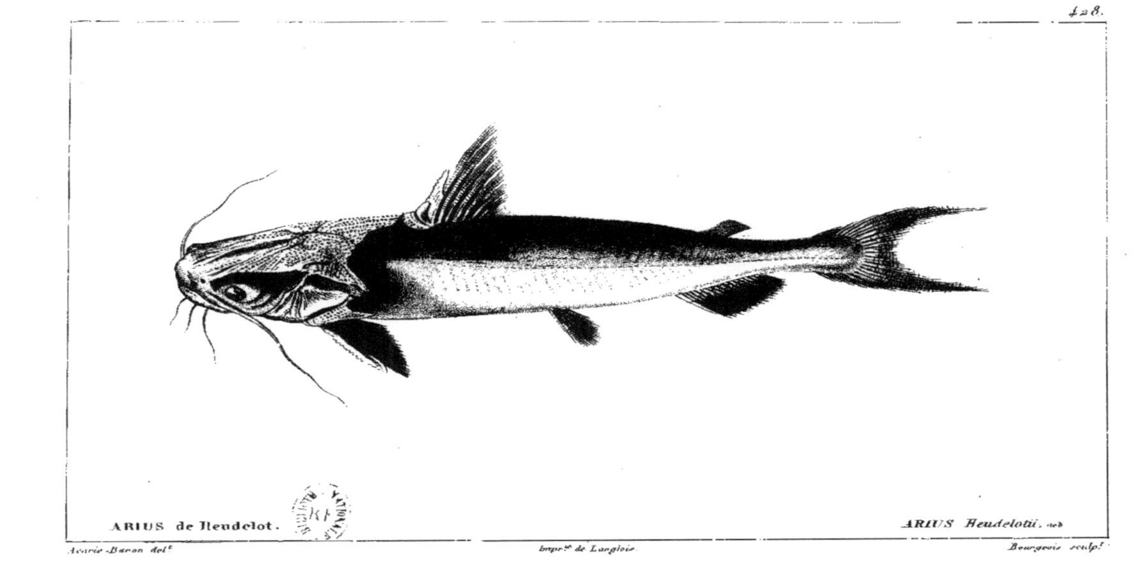

428.

ARIUS de Heudelot.

Acarie-Baron del.   Impr.^{ie} de Langlois.   Bourgeois sculp.

ARIUS Heudelotii. Val.

429.
ARIUS Rita. nob
Bourgeois sculp.
Imprié de Langlois.
ARIUS Rita.
Laurie-Baron del.

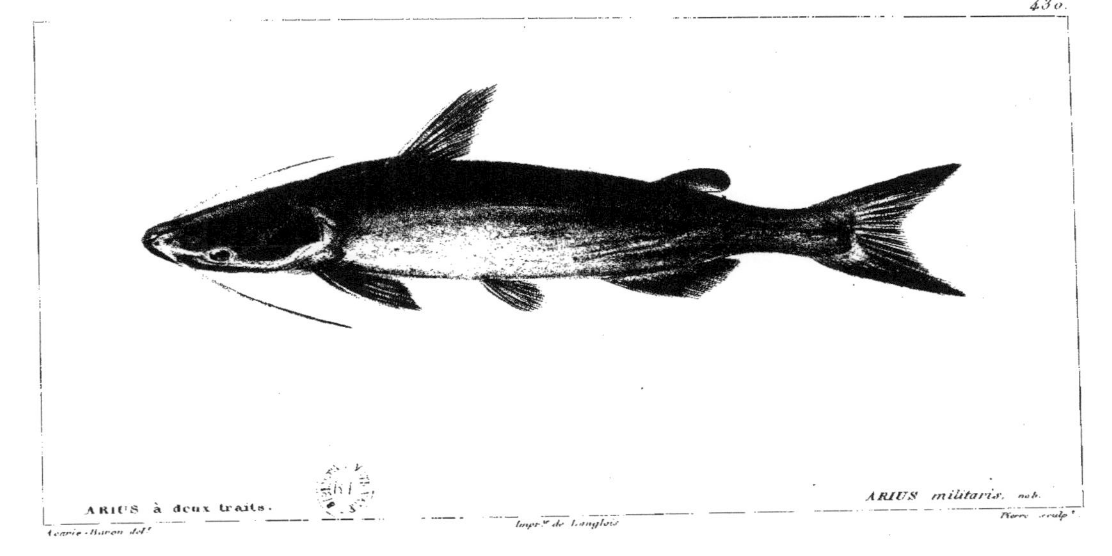

430.
ARIUS à deux traits.
ARIUS militaris. nob.
Acarie-Baron del.t
Impr.e de Langlois
Pierre sculp.t

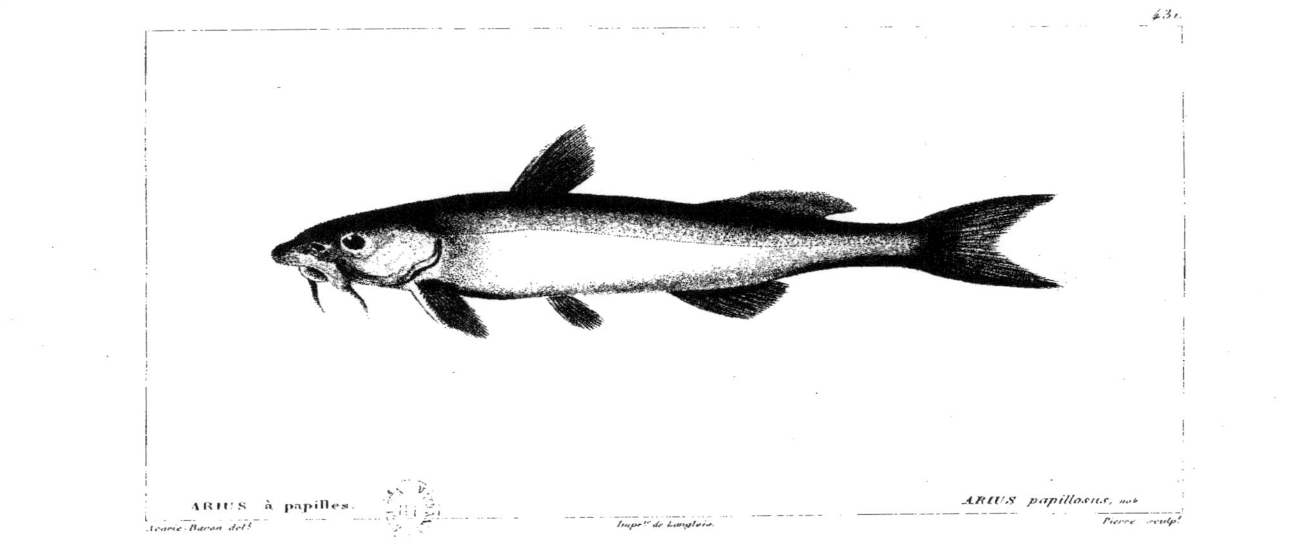

431.

ARIUS à papilles.   ARIUS papillosus, nob.

Acarie-Baron del.t   Imp.ie de Langlois.   Pierre sculp.t

432.

PIMELODE chat.   PIMELODUS catus. *nat.*

Lesueur-Baron del.   Impie de Langlois   Pierre sculp.

433.

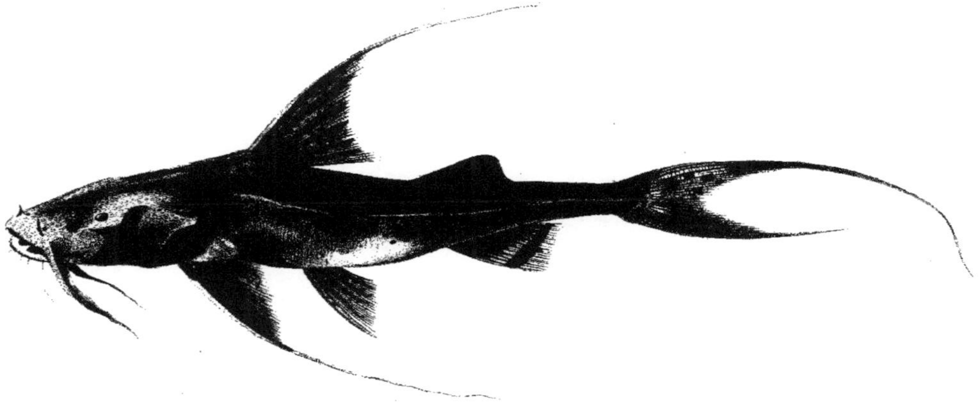

PIMELODE ranin.

PIMELODUS raninus, nob.

Acarie-Baron del.

Imp.rie de Langlois.

Pierre sculp.t

435.

PIMELODE de Pentland.

PIMELODUS Pentlandii nob.

Acarie-Baron del.   Impr.^{ie} de Langlois.   Pierre sculp.

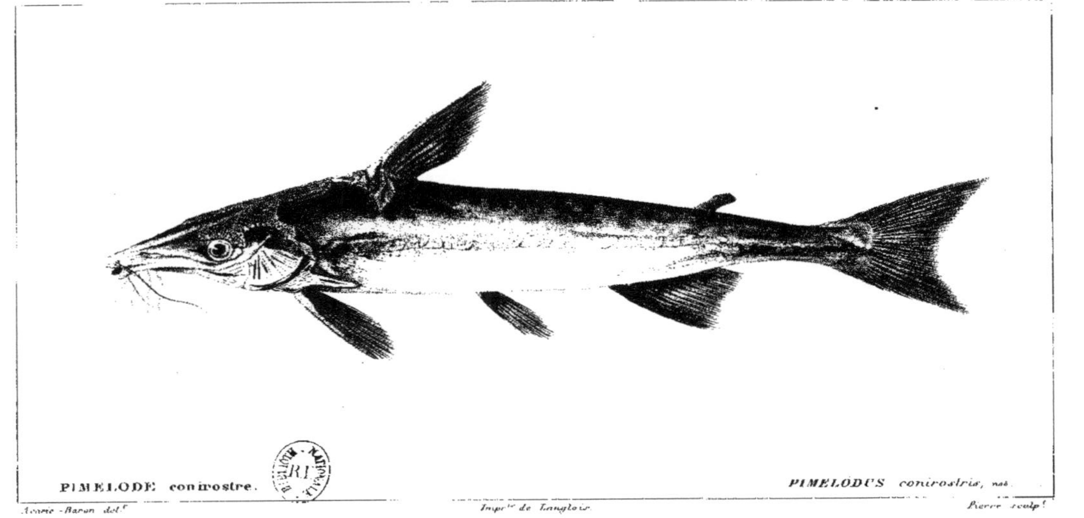

430.
PIMELODE conirostre.
PIMELODUS conirostris, nat.
Acarie-Baron del.t
Impr.ie de Langlois.
Pierre sculp.t

437. 438.

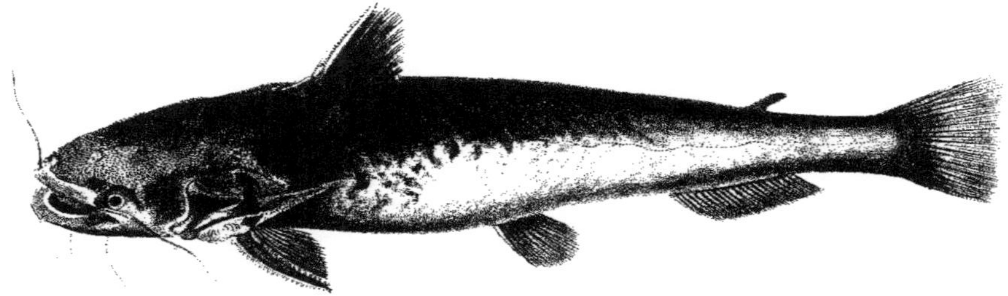

AUCHÉNIPTÈRE à casque rude. *AUCHENIPTERUS trachycorystes, nob.*

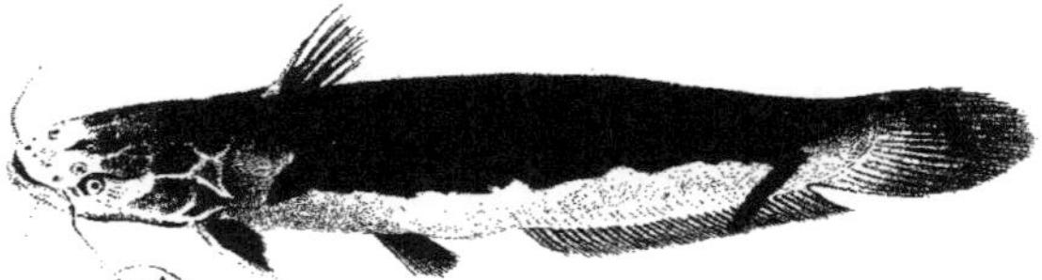

TRACHÉLIOPTÈRE à cuir. *TRACHELIOPTERUS coriaceus, nob.*

Acarie-Baron del. Impr.ie de Langlois. Pierre sculp.t

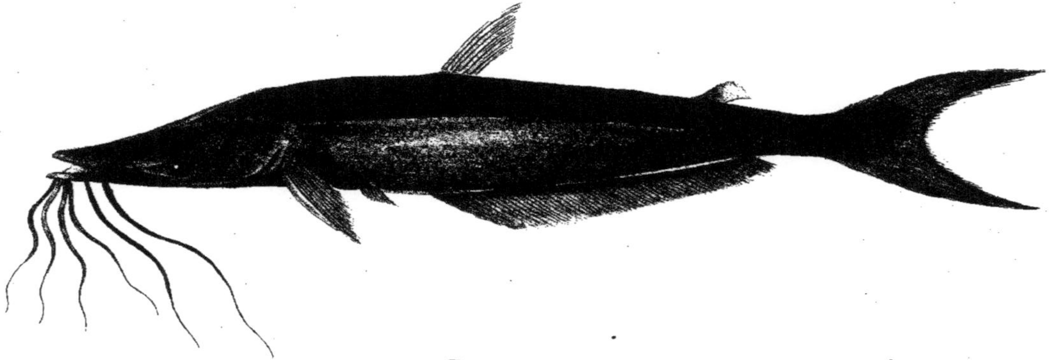

HYPOPHTHALME à caudale bordée de noir. *HYPOPHTHALMUS marginatus*, nob

Acarie-Baron del.t *Impr.ie de Langlois.* *Jaunerand sculp.t*

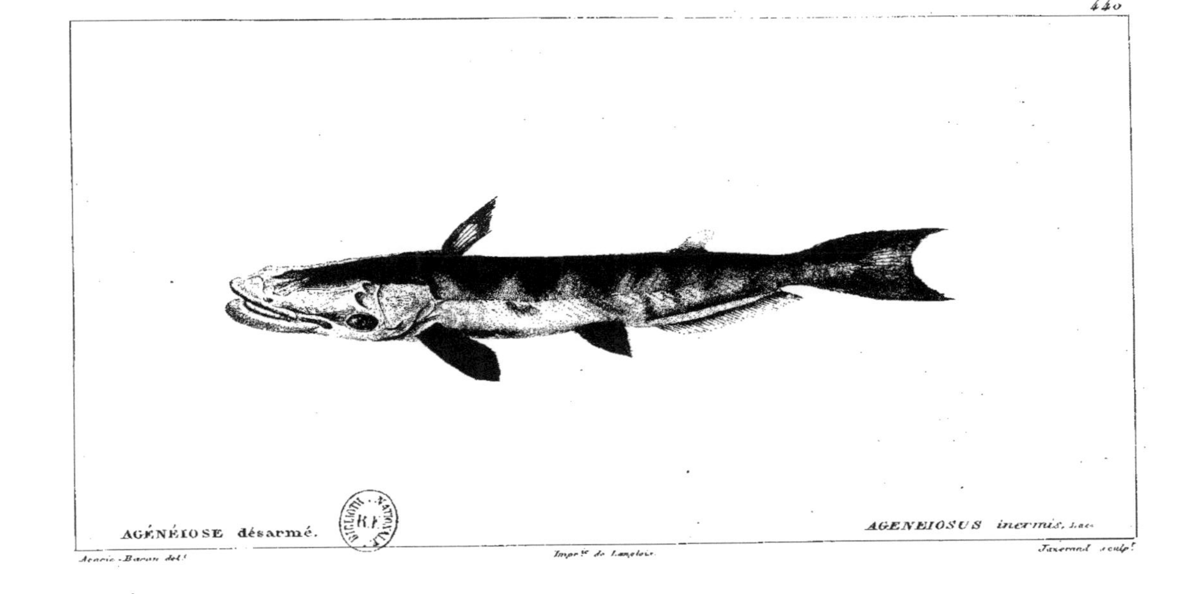

AGÉNÉIOSE désarmé.   AGENEIOSUS inermis, Lac.

Acaric-Baron del.   Impr.ᵉ de Langlois.   Taxernad sculp.ᵗ

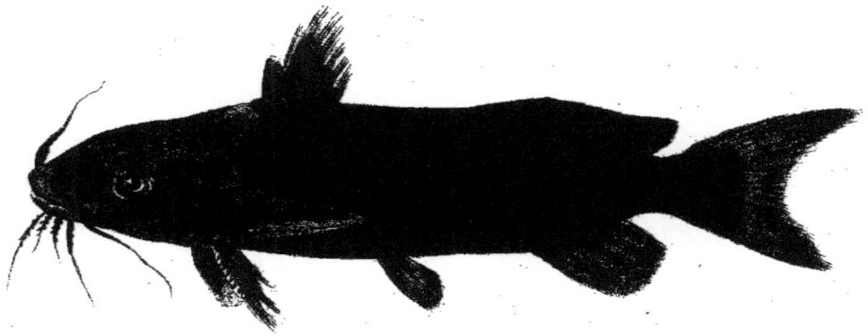

SCHAL nègre. SYNODONTIS nigrita, nob.

Acarie-Baron del.t Impr.ie de Langlois. Jamerand sculp.t

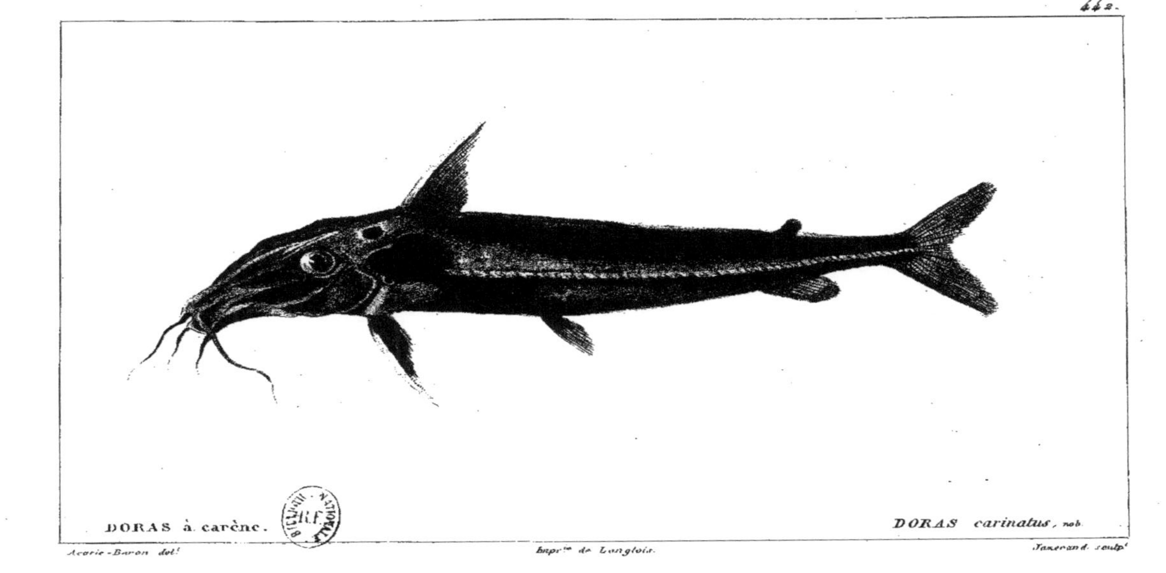
442.
DORAS à carène.
DORAS carinatus, nob.
Acarie-Baron del.
Imp.rie de Langlois.
Tanerand sculp.

CALLICHTHE à poitrine cuirassée.

CALLICHTHYS thoracatus. nob.

Acaris-Baron del.t

Impr.ie de Langlois.

Fl. Legrand sculp.t

444. 445. 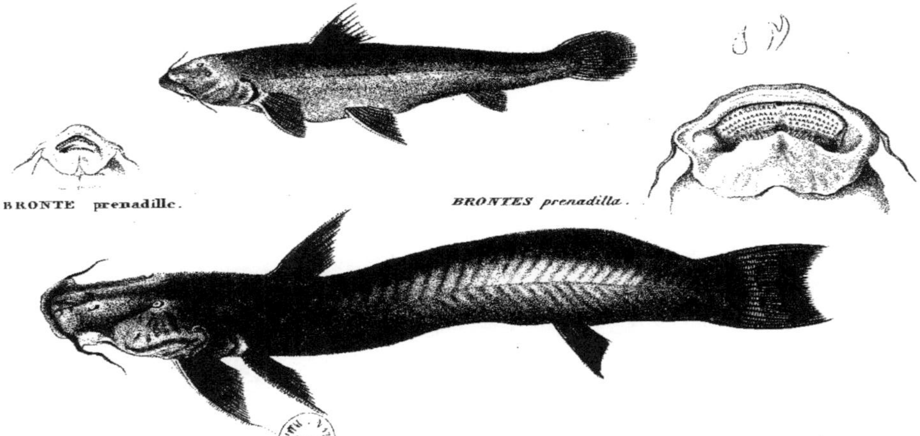
BRONTE prenadille.
BRONTES prenadilla.
ARGES sabalo.
ARGES sabalo, nob.
Acarie-Baron del.
Impr.te de Langlois.
H. Legrand sculp.t

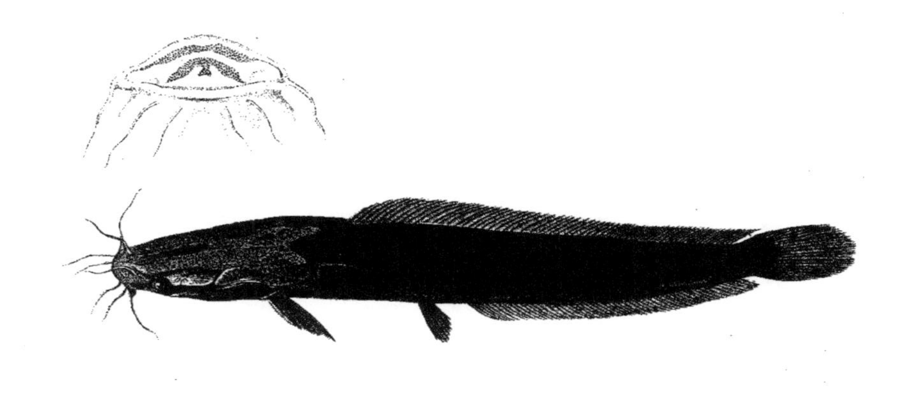

HARMOUTH d'Hasselquist. CLARIAS Hasselquistii, nob.

Acarie-Baron del. Impr.ie de Langlois H. Legrand sculp.t

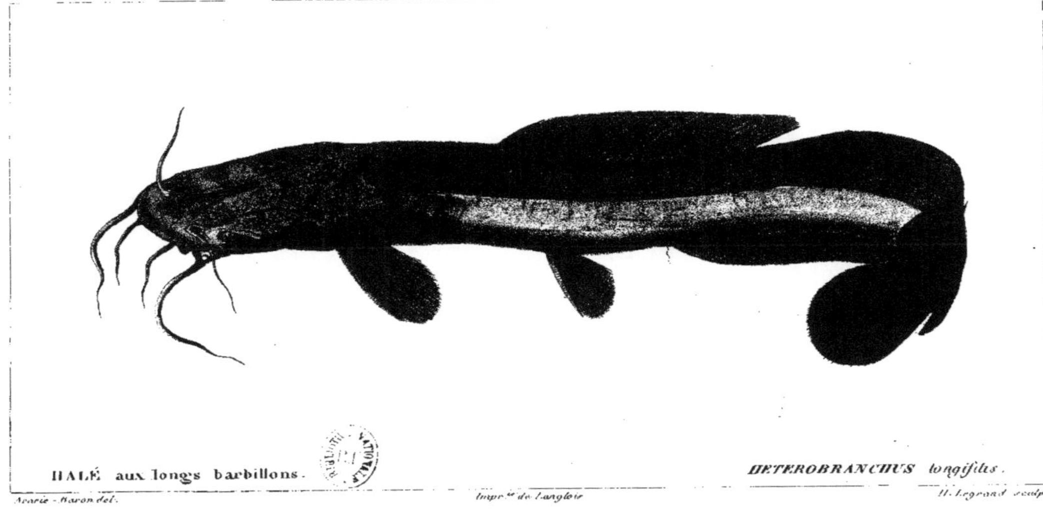

HALÉ aux longs barbillons.   DETEROBRANCHUS longifilis.

Acarie-Baron del.   Impr.ᵉ de Langlois   H. Legrand sculp.ᵗ

448.
SACCOBRANCHE singi.
SACCOBRANCHUS singio, nob.
Acarie-Baron del.t
Impr.ie de Langlois.
Duménil sculp.t

PLOTOSE à grosse tête.　　　　PLOTOSUS *macrocephalus*, nob.

Acarie-Baron del.　　　Impr.ie de Langlois.　　　Duménil sculp.t

440.

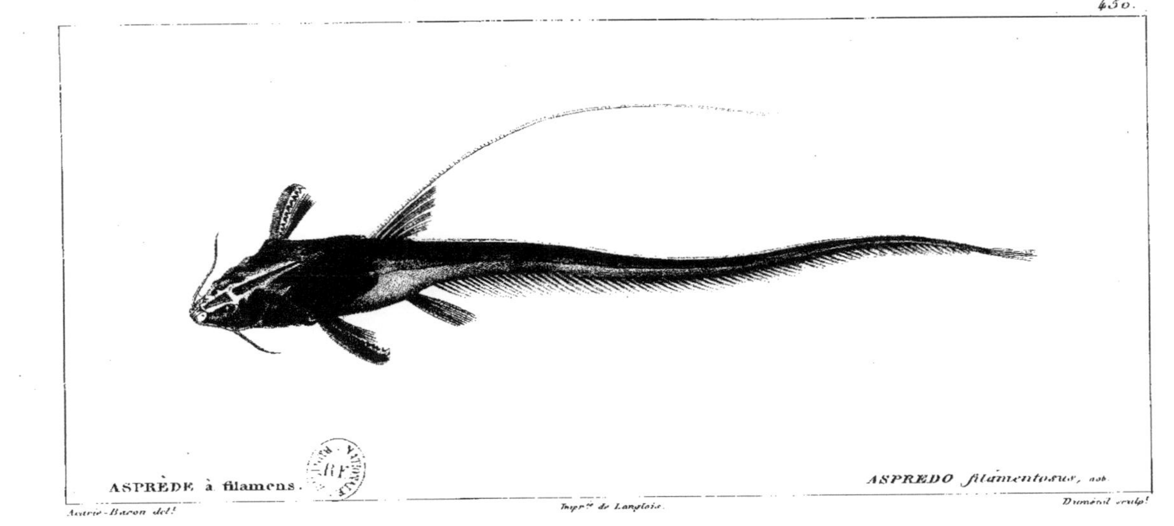

430.

ASPRÈDE à filamens.   ASPREDO filamentosus, nob.

Acarie-Baron del.   Impr.ᵉ de Langlois.   Duménil sculp.

CHACA lophioide.

CHACA lophioides, nob.

Acorie-Baron del.   Impr.^{ie} de Langlois   Duménil sculp.^t

45.

452.

LORICAIRE pointue.

LORICARIA acuta, nob.

Acarie Baron pinx.^t   Impr.^{ie} de Langlois.   Dumenil sculp.^t

RINELEPIS barbu.

RINELEPIS genibarbis, nob.

Acarie-Baron pinx.ᵗ   Impr.ᵗⁱᵉ de Langlois.   Dumenil sculp.ᵗ

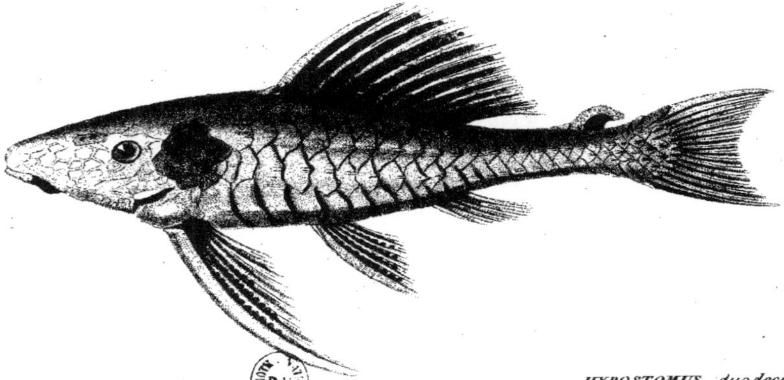

HYPOSTOME à douze rayons dorsaux — *HYPOSTOMUS duodecimalis*, nob.

Acarie-Baron pinx.t — Impr.ie de Langlois. — Dumenil sculp.t

455.

MALAPTÉRURE électrique.

MALAPTERURUS electricus, Lacep.

Acarie-Baron pinx.t

Impr.ie de Langlois.

Dumenil sculp.t

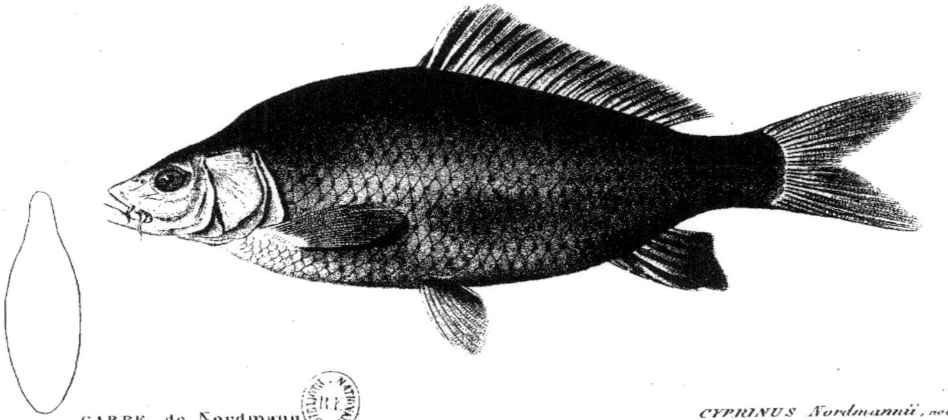

CARPE de Nordmann.   CYPRINUS Nordmannii, neb.

Acarie-Baron pinx.ᵗ   Impr.ᵗ de Langlois.   M.ᵉˡˡᵉ Coutelet sculp.ᵗ

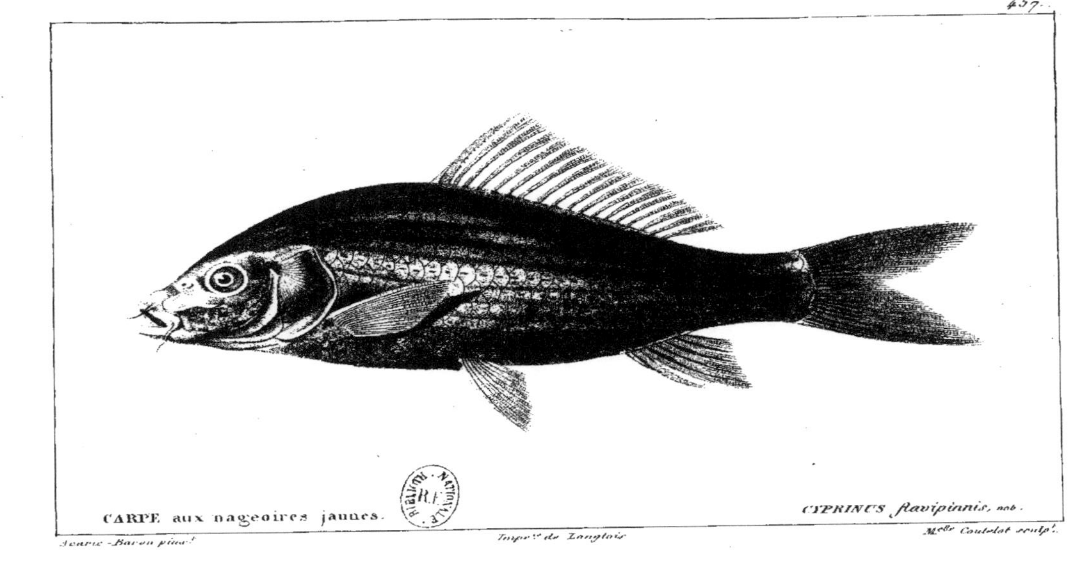

CARPE aux nageoires jaunes.

CYPRINUS flavipinnis, nob.

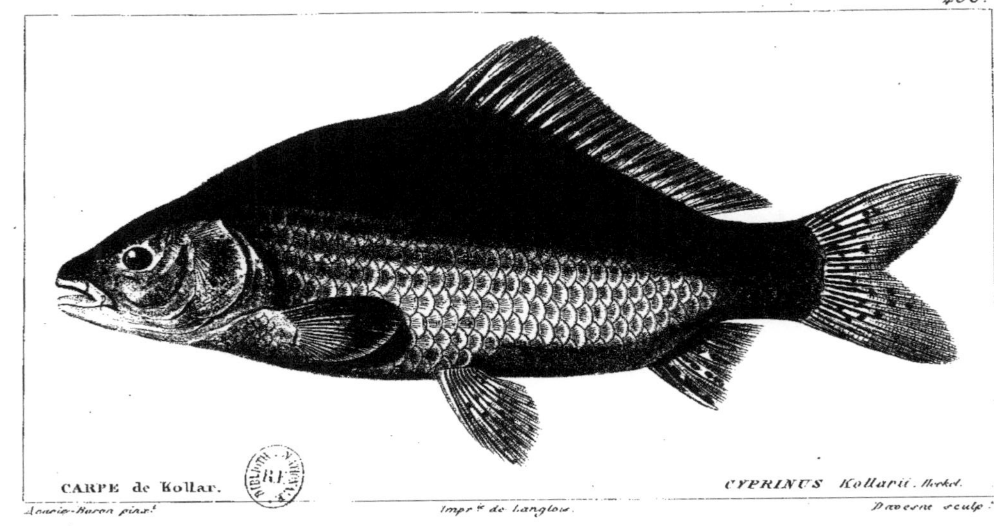

CARPE de Kollar.	CYPRINUS Kollarii. Heckel.

Lenoir-Baron pinx.	Impr.^{ie} de Langlois.	Davesne sculp.^t

459.

CARPE carassin

CYPRINUS carassius, al.

Acarie-Baron pinx.t

Impr.e de Langlois.

Annedouche sculp.t

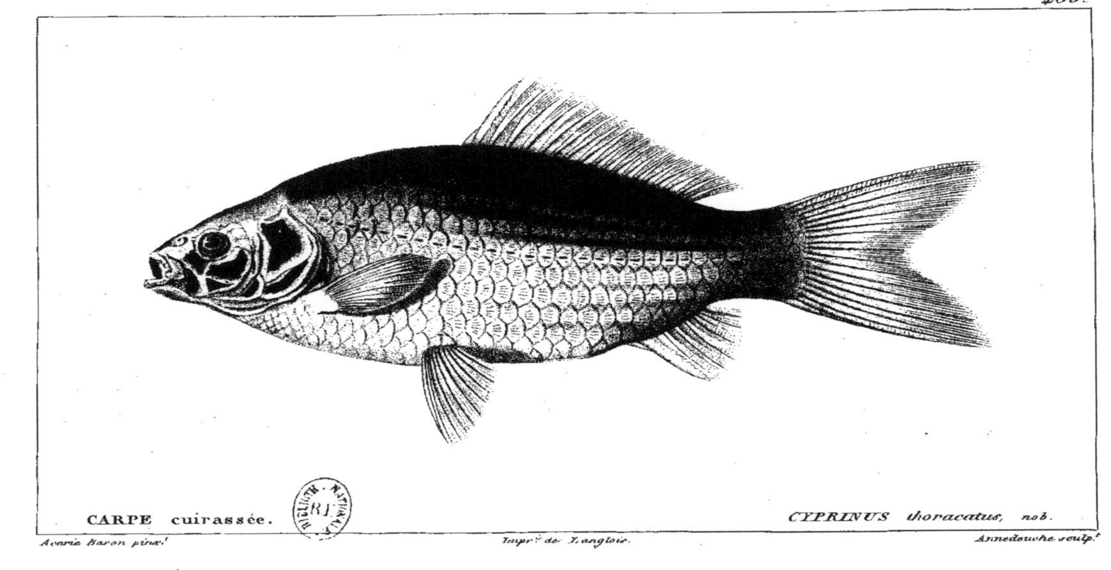

CARPE cuirassée.   *CYPRINUS thoracatus,* nob.

Acarie Baron pinx.ᵗ   Impr.ᵉ de Langlois.   Annedouche sculp.ᵗ

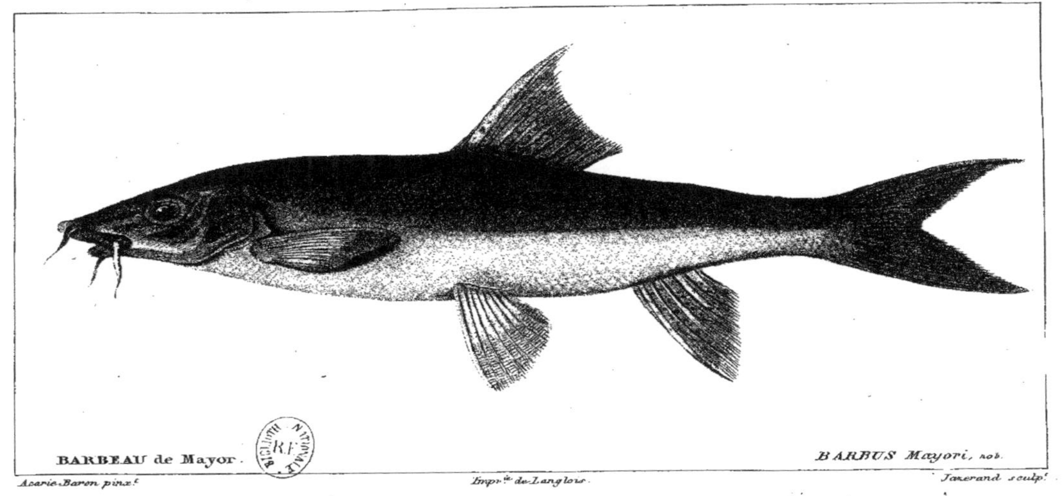

461.
BARBEAU de Mayor.
BARBUS Mayori, nob.
Acarie Baron pinx.t
Impr.ie de Langlois.
Jacerand sculp.t

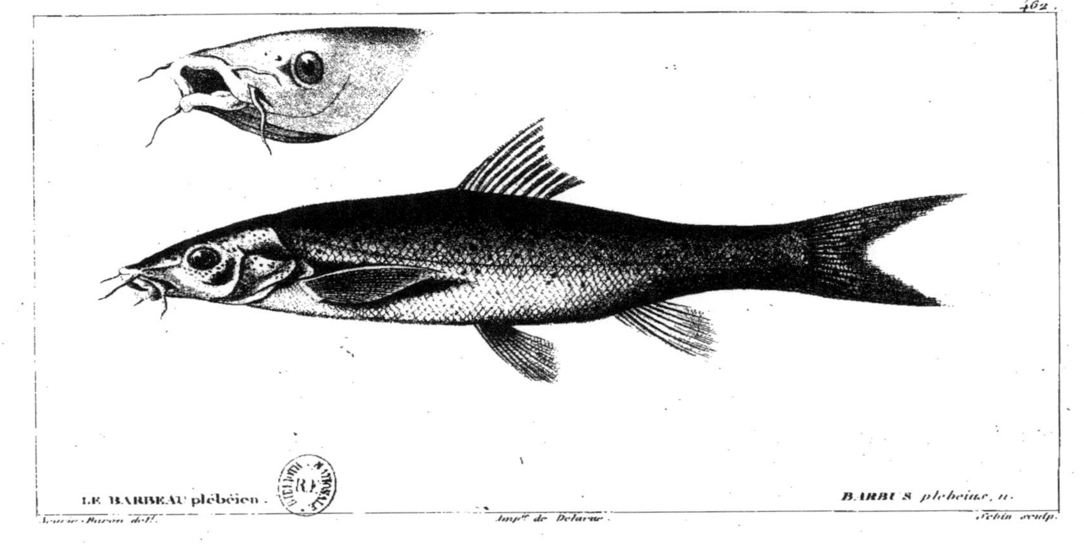

LE BARBEAU plébéien. BARBUS plebeius, n.

Sauvage-Baron del. Imp. de Delarue Teba sculp.

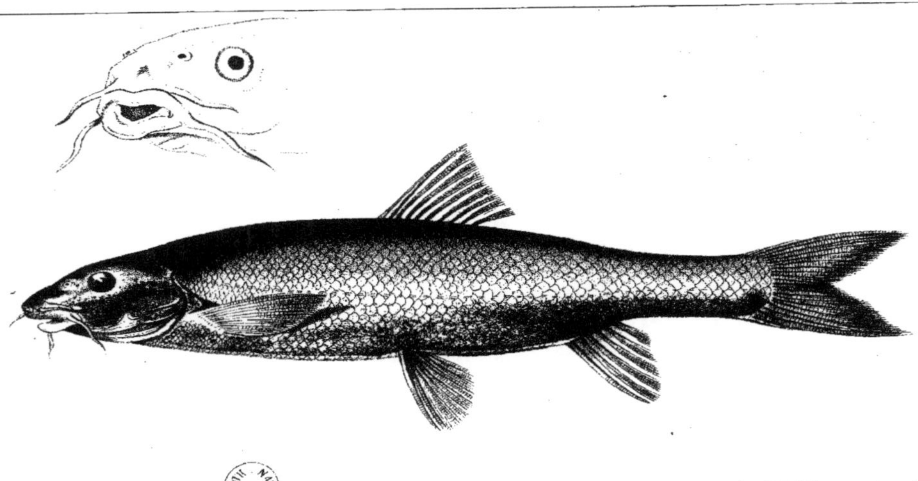

BARBEAU chevalier. *BARBUS eques, nob.*

Acarie Baron pinx.t *Impr.ie de Langlois.* *M.elle Coutelot sculp.t*

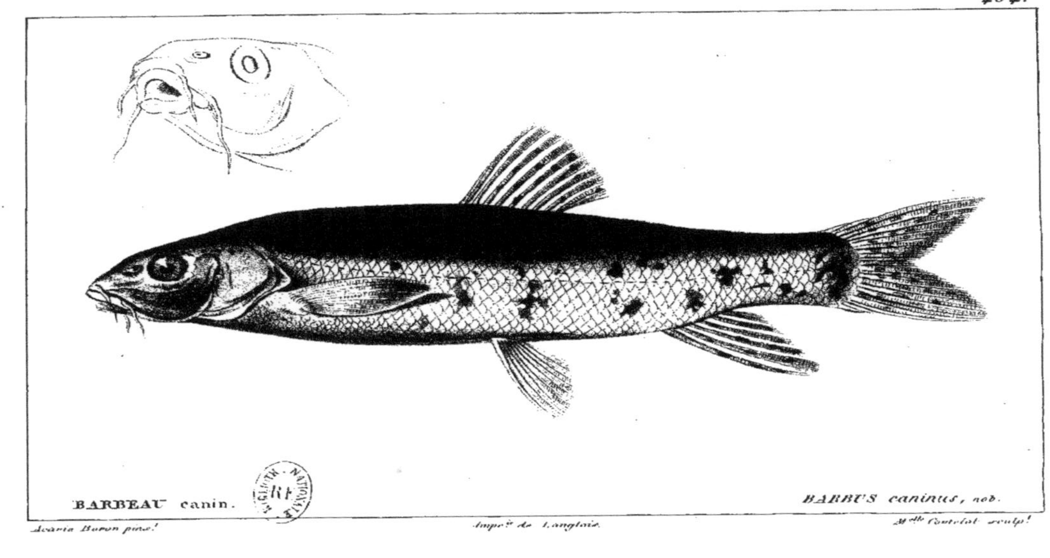

464.

BARBEAU canin.　　　　　　　BARBUS caninus, nob.

Acaria Baron pinx.　　　　Impr. de Langlais.　　　M.elle Coutelot sculp.

BARBEAU gardonide.   BARBUS gardonides, nob.

Acarie-Baron pinxt.   Imprie de Langlois.   Mme Douliot sculp.

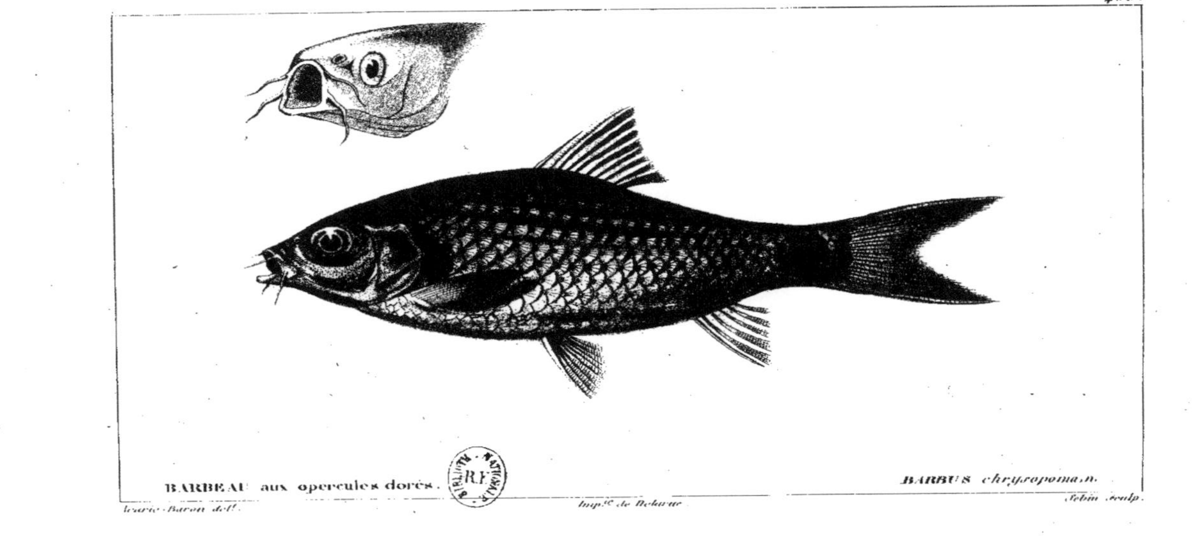

BARBEAU aux opercules dorés.   BARBUS chrysopoma, n.

467

BARBEAU à longue tête

BARBUS longiceps, nob.

Acarie-Baron pinx.t

Impr.ie de Langlois.

Jazerand sculp.t

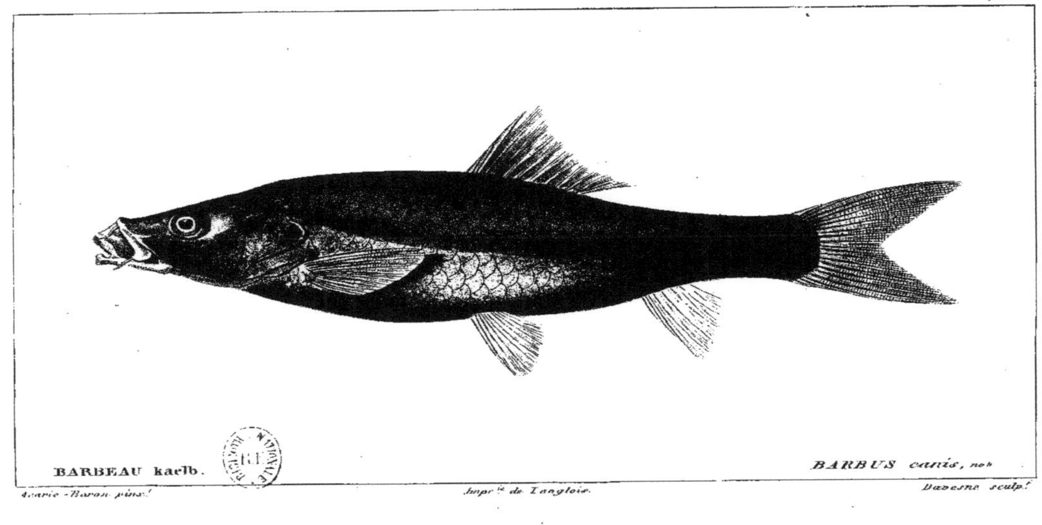

BARBEAU kaëlb.
BARBUS canis, nob
Acarie-Baron pinx.t
Impr.ie de Langlois.
Davesne sculp.t

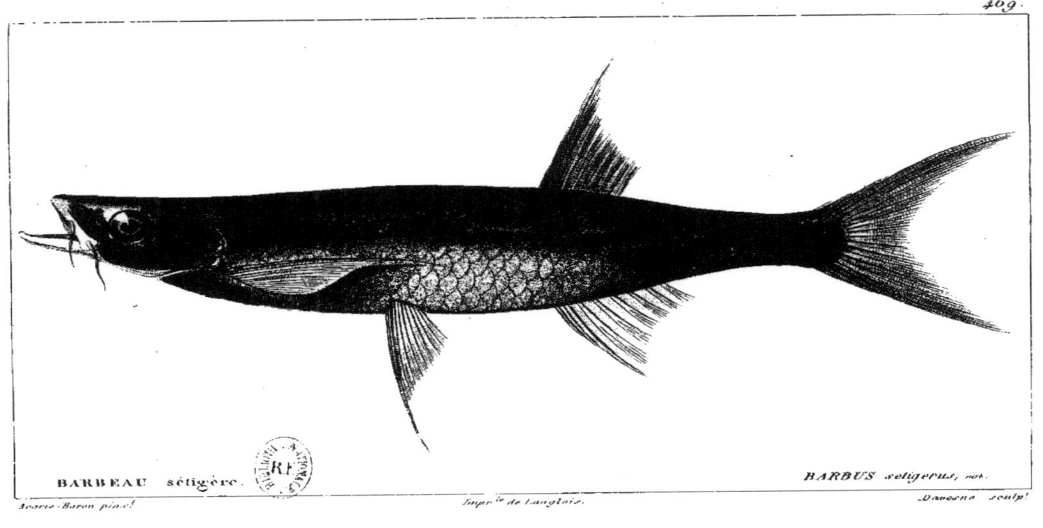

BARBEAU sétigère.   BARBUS setigerus, nob.

Acarie-Baron pinx.   Impr.ie de Langlois.   Davesne sculp.t

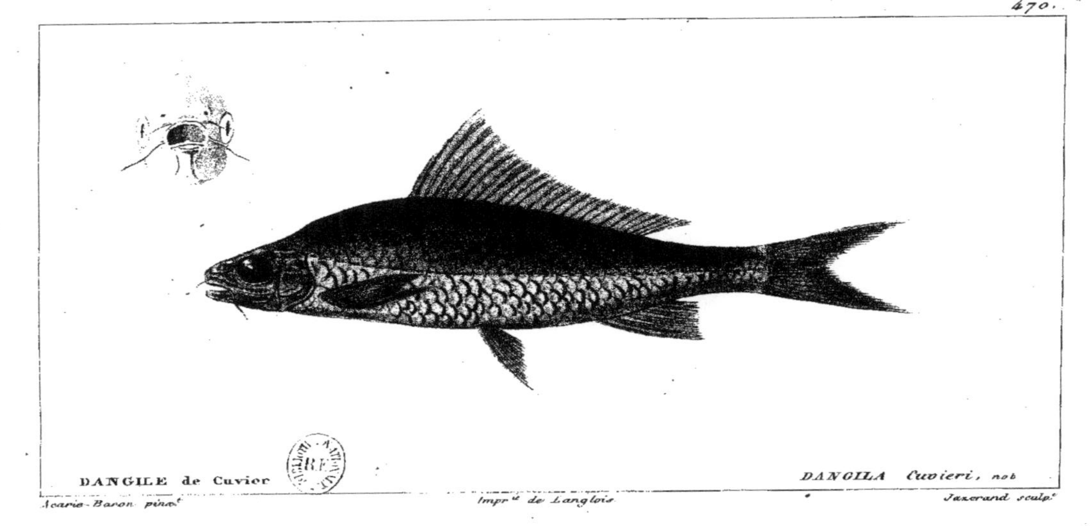

470.

DANGILE de Cuvier.   DANGILA Cuvieri, nob.

Acarie-Baron pinxt.   Impr.t de Langlois   Jazerand sculp.t

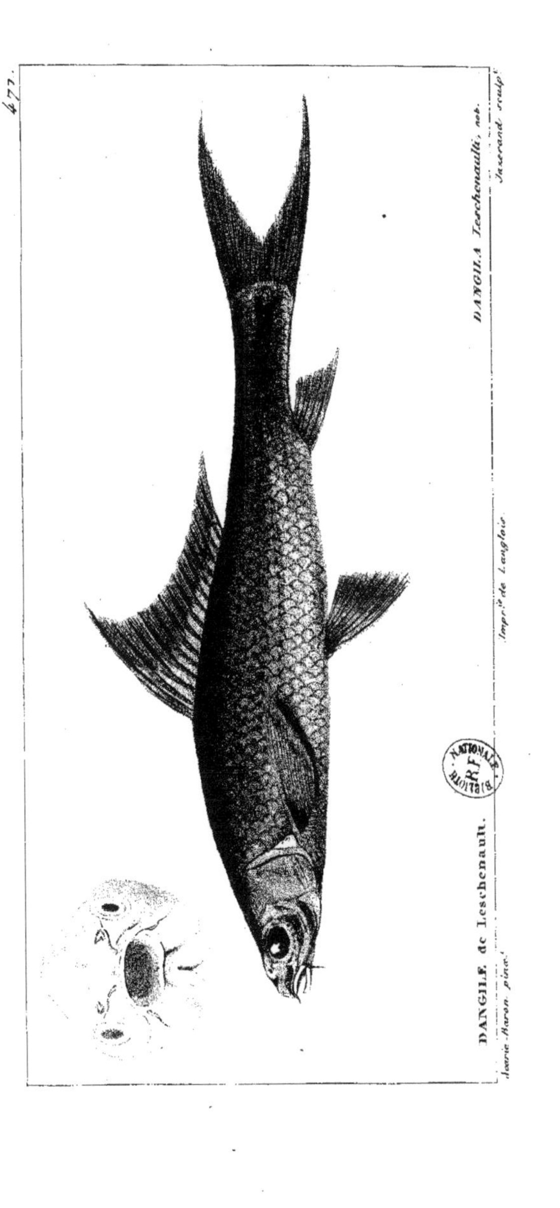

DANGILE de Leschenault.

DANGILA Leschenaulti, nob.

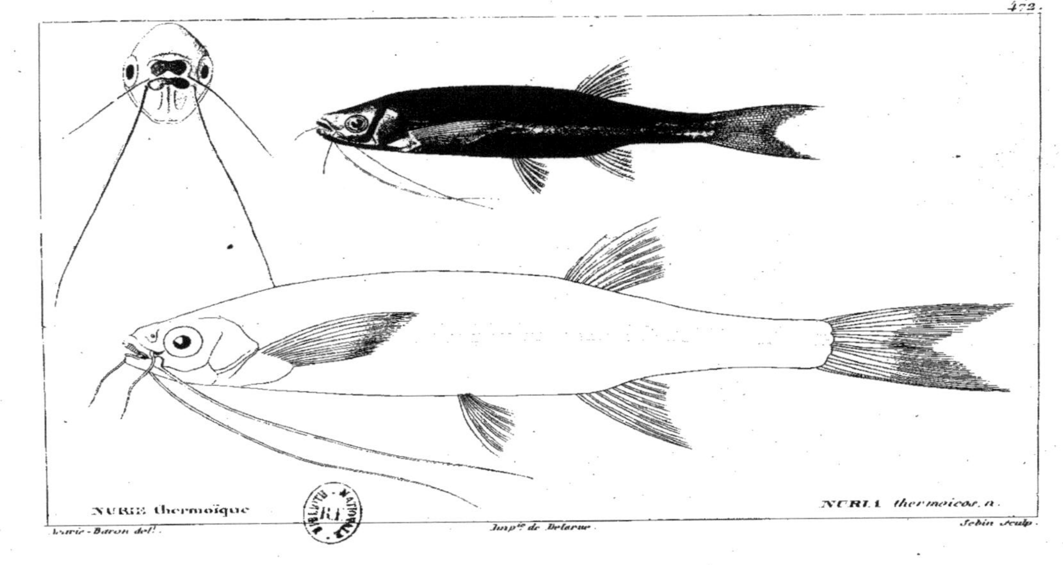

472.
NURIE thermoïque
NURIA thermoicos. n.
Lsurie-Baron del.
Imp.te de Delarue.
Sebin Sculp.

473.

ROHITE Nandin.

Scarie Baron pinx.t

Impr.ie de Langlois

ROHITA Nandina, nob

Taxerand sculp.t

ROHITE de Reynauld. ROHITA Reynauldi. nob.

Icarie Baron delt. Impr. de Delarue. Jobin sculp.

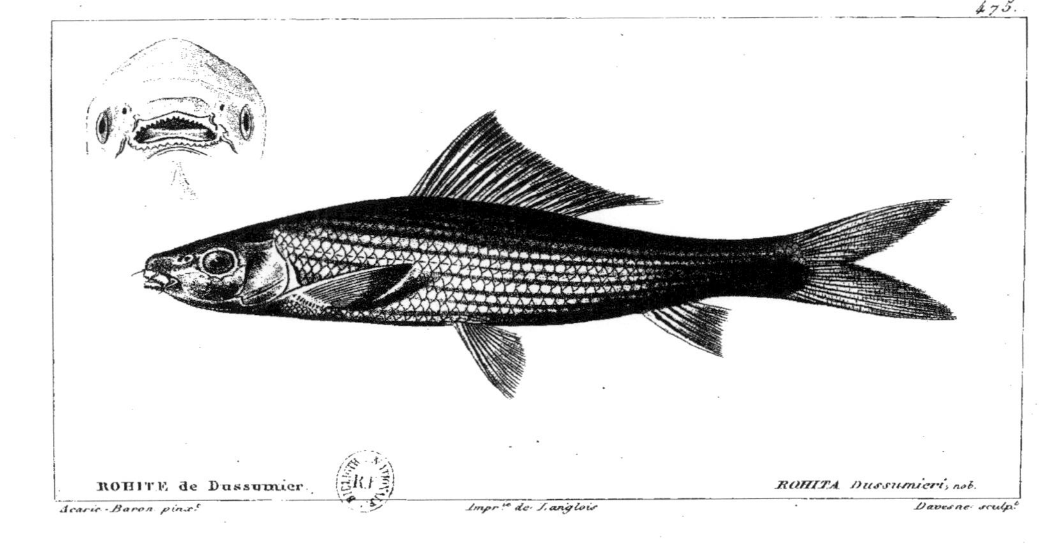

ROHITE de Dussumier.　　　　ROHITA Dussumieri, nob.

476.

ROHITE de Duvaucel.   *ROHITA* *Duvaucelii*, nob.

Acarie Baron pinx.^t   Impr.^ie de Langlois.   Jazerand sculp.^t

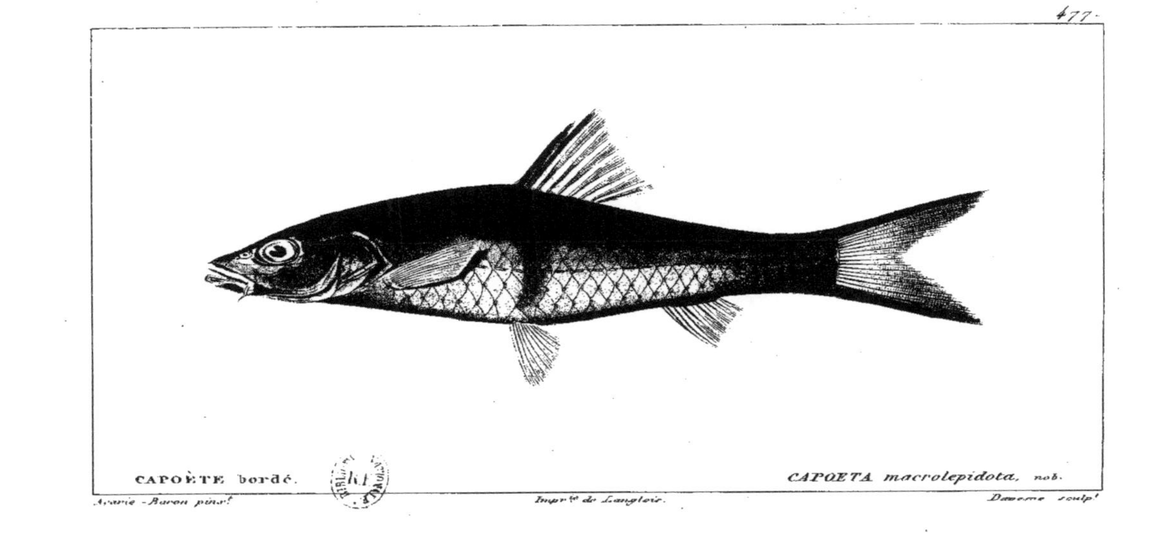

CAPOÈTE bordé.　　　　　CAPOETA macrolepidota, nob.

Avarie-Baron pinx.ᵗ　　　Impr.ᵗᵉ de Langlois.　　　Davesne sculp.ᵗ

477.

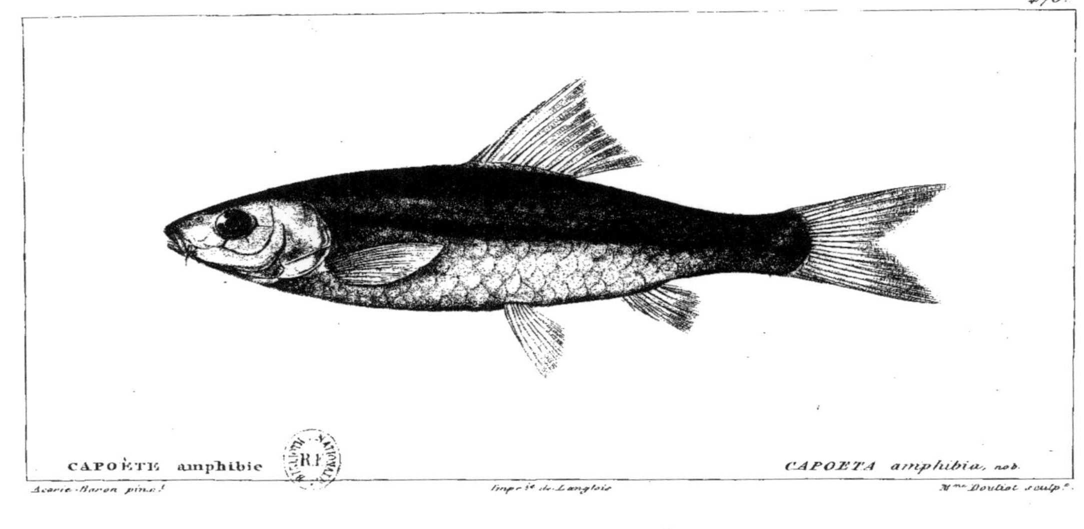

Acarie-Baron pinx.t   Impr.ie de Langlois   Mme Doutiot sculp.e

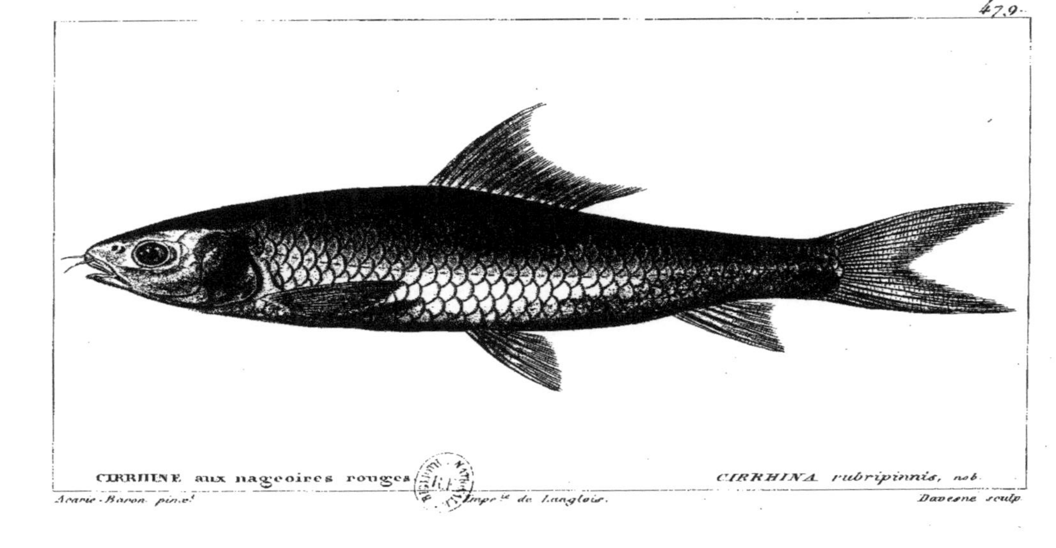

479.

CIRRHINE aux nageoires rouges.   CIRRHINA rubripinnis, nob.

Acarie-Baron pinx.^t   Imp.^{ie} de Langlois.   Davesne sculp.

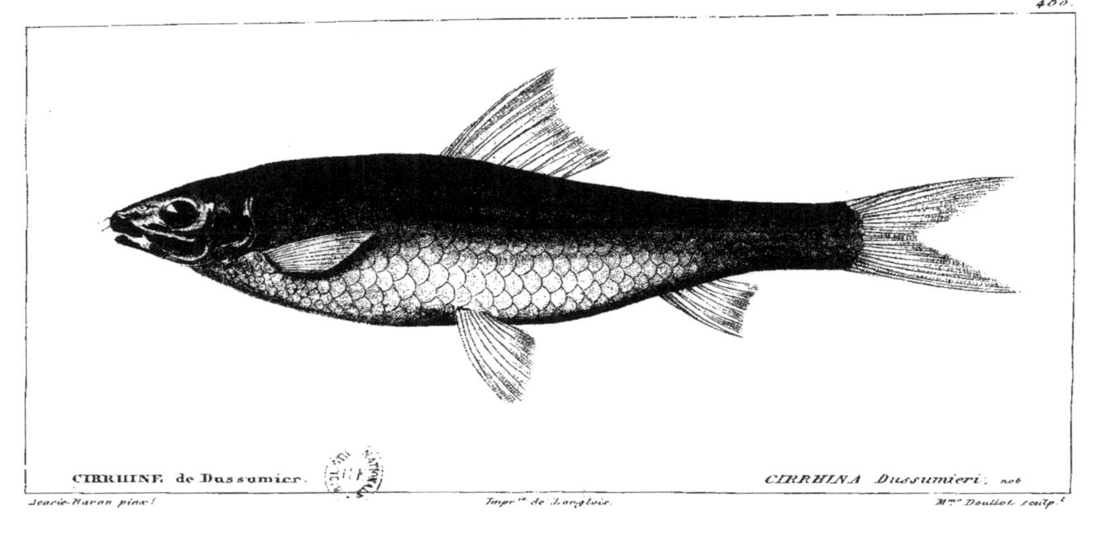

480.

CIRRHINE de Dussumier.　　　　CIRRHINA Dussumieri, nob

Jearie-Haran pinx.̄　　　Impr.ⁿ de Langlois.　　　Mᵐᵉ Douliot sculp.ᵗ

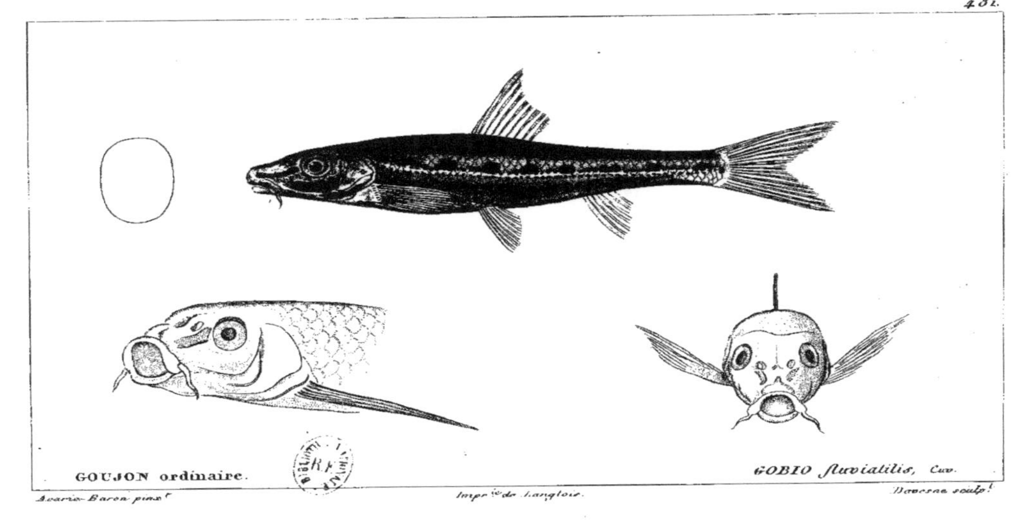

481.
GOUJON ordinaire.
GOBIO fluvialilis, Cuv.
Acarie-Baron pinx.
Impr.te de Langlois.
Davesne sculp.

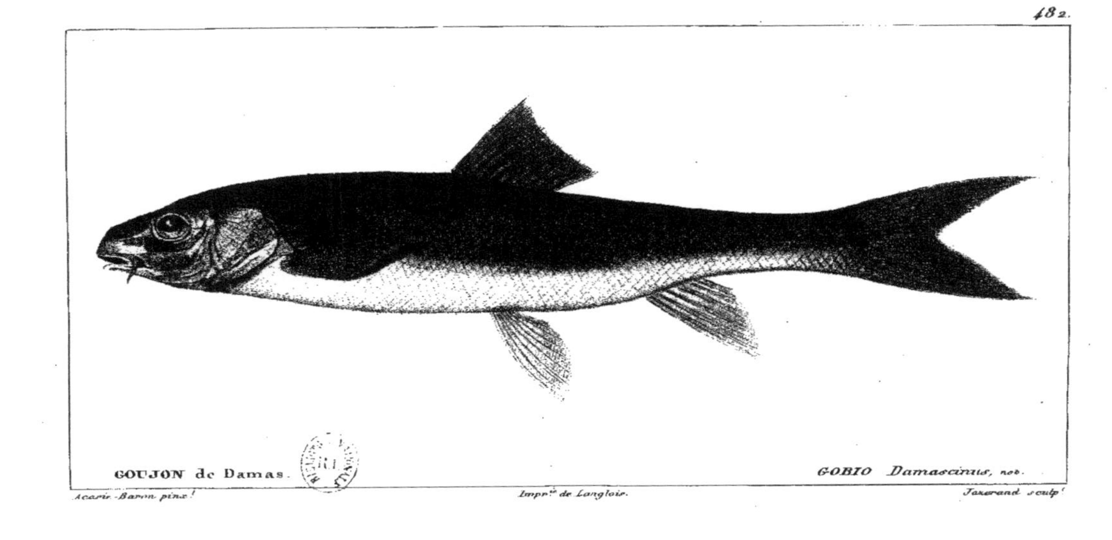

482.

GOUJON de Damas.

GOBIO Damascinus, nob.

Acarie-Baron pinx.̸   Impr.ᵉ de Langlois.   Jaxerand sculp.̸

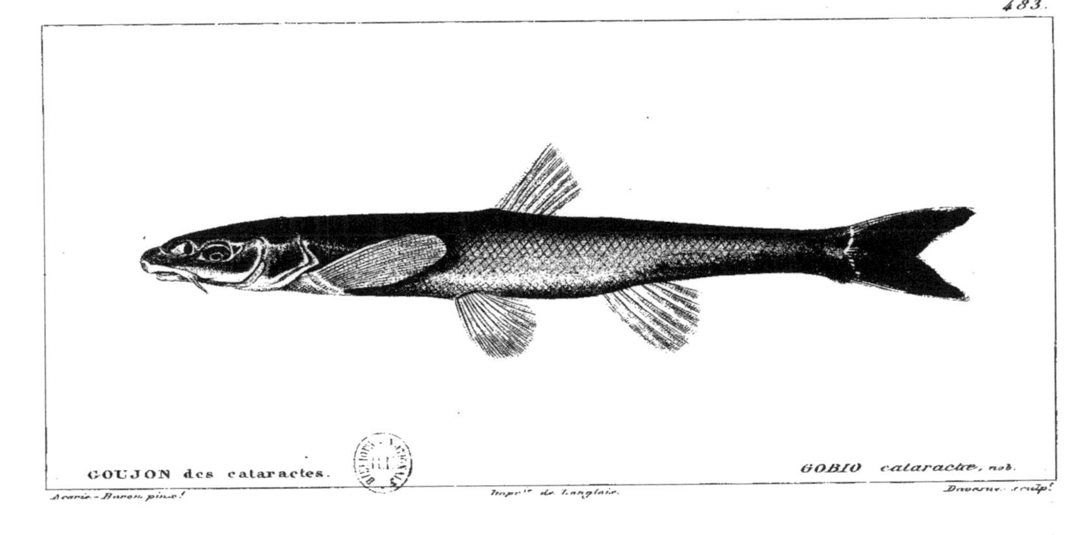

GOUJON des cataractes.
GOBIO cataractæ, nob.
Acarie-Baron pinx!
Imprie de Langlais.
Davesne sculp!

484
TANCHE vulgaire.
TINCA vulgaris, Cuv.
Acarie-Baron pinx.t
Imp.rie de Langlois.
Jax erand sculp.t

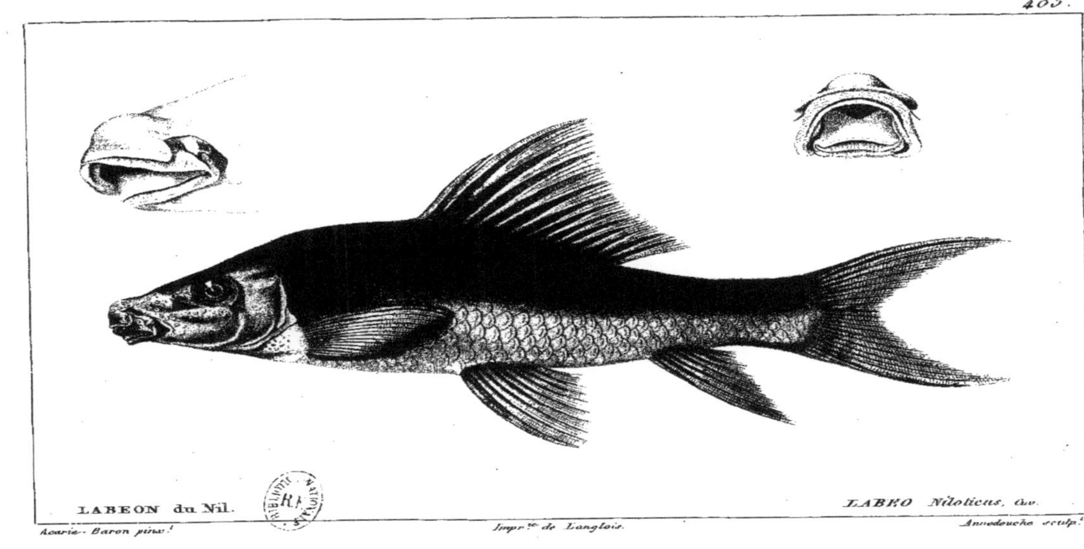

485.
LABEON du Nil.
LABRO Niloticus, Lav.
Acarie-Baron pinx.t
Impr.ie de Langlois.
Annedouche sculp.t

486.

LABÉON du Sénégal.   LABEO Senegalensis, nob.

Acaria-Baron pinx.t   Impr.ie de Langlois.   Mme Doulist sculp.t

487.

LABEON céphale.

LABEO cephalus, nob.

Acarie-Baron pinx._

Impr._ de Langlois.

Annedouche sculp._

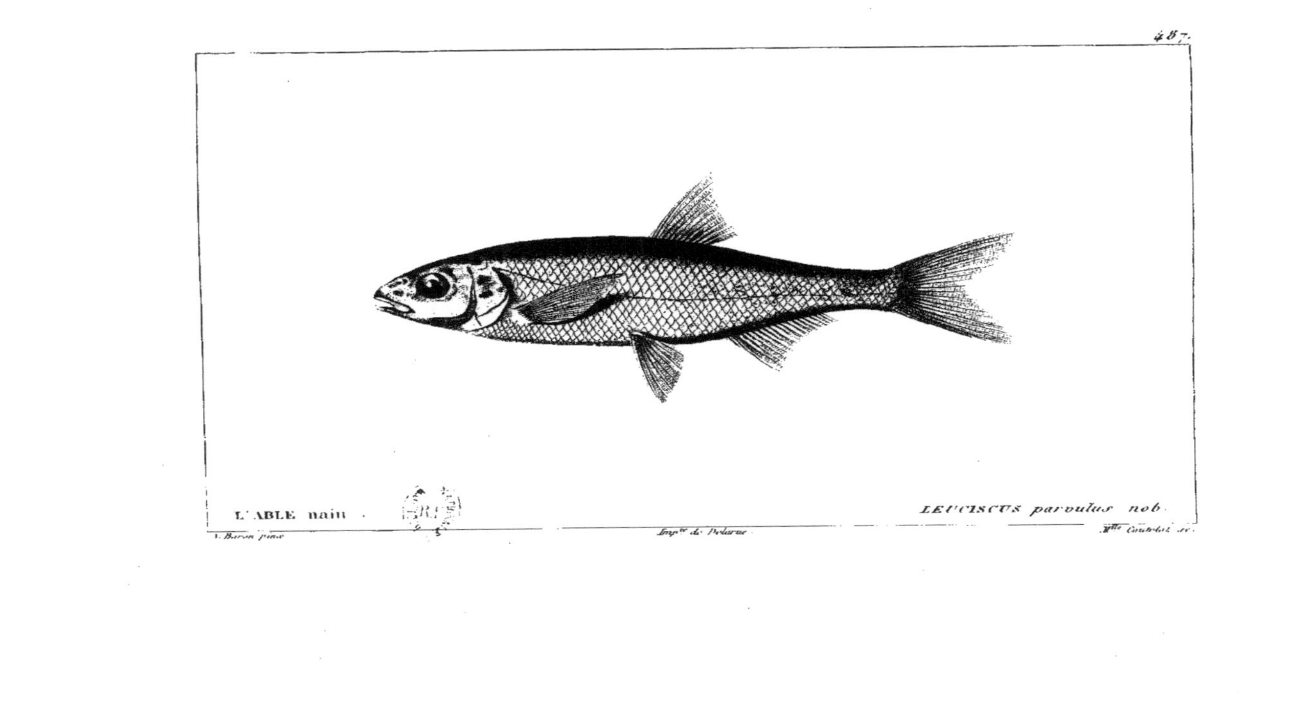

487.
L'ABLE nain .
LEUCISCUS parvulus nob.
A. Baron pinx.
Imp.te de Delarue.
M.lle Coutelet sc.

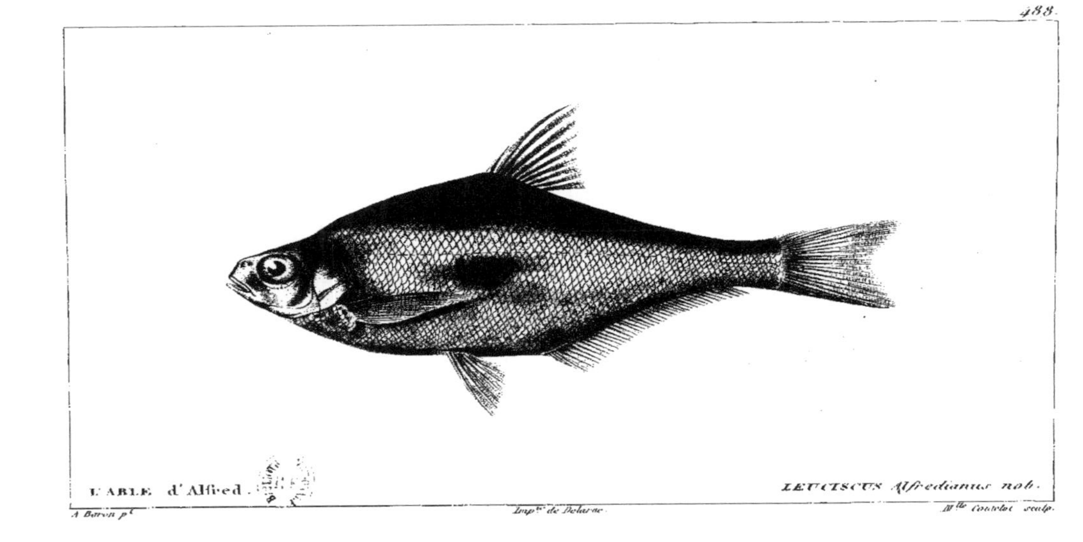

L'ABLE d'Alfred.

LEUCISCUS Alfredianus nob.

A. Baron p.ᵗ

Imp.ᵗᵉ de Delarue.

Mᵉˡˡᵉ Coutelat sculp.

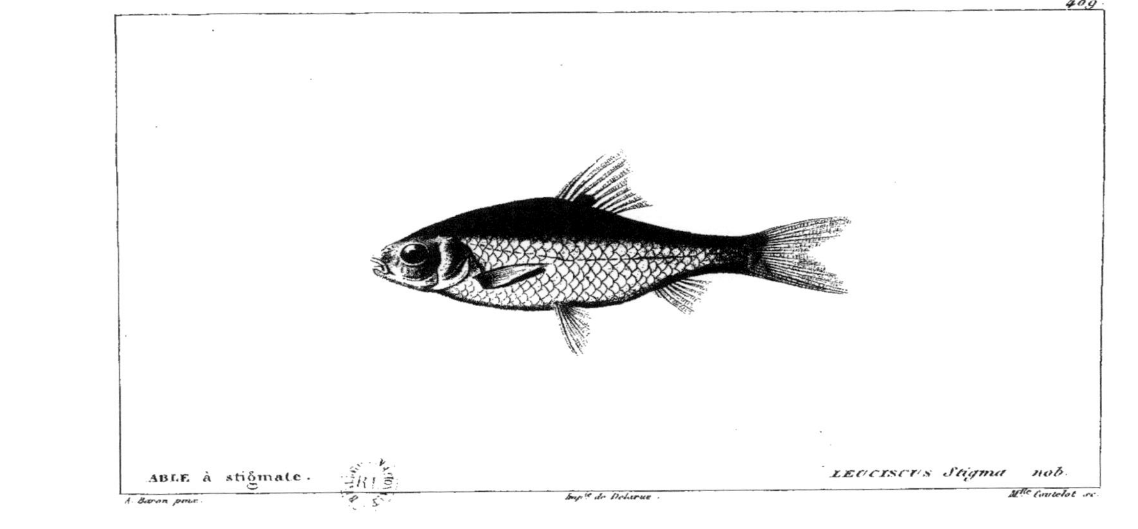

489.
ABLE à stigmate.
LEUCISCUS Stigma nob.
A. Baron pinx.
Imp.te de Delarue.
Mlle Coutelot sc.

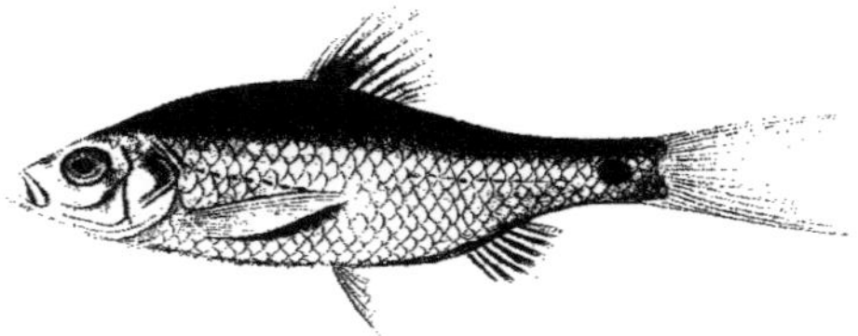

ABLE des eaux chaudes   LEUCISCUS Thermalis nob.

J. Baron pinx.   Imp.^t de Delarue   Mlle Coutelot sc.

ABLE de Duvaucel

Oudart p.t   Gérard col

LEUCISCUS Duvaucelii nob

Lanclouche sc

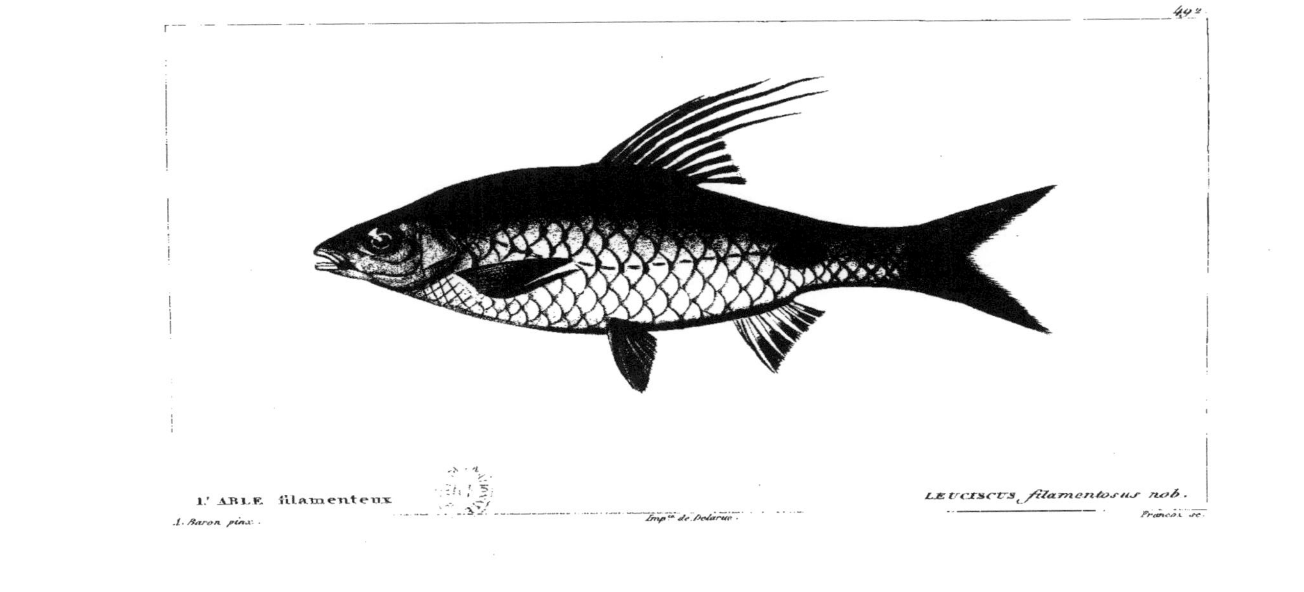

L'ABLE filamenteux.   LEUCISCUS *filamentosus* nob.

A. Baron pinx.   Imp.ᵉ de Delarue.   François sc.

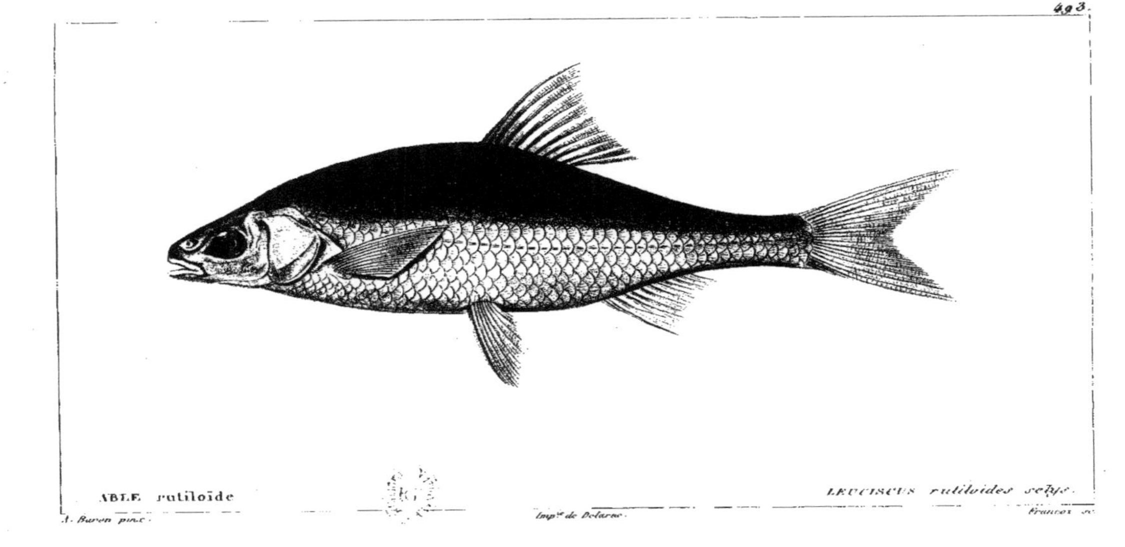

ABLE rutiloïde.　　LEUCISCUS rutiloides Selys.

A. Baron pinx.　　Imp.^e de Delarue.　　France sc.

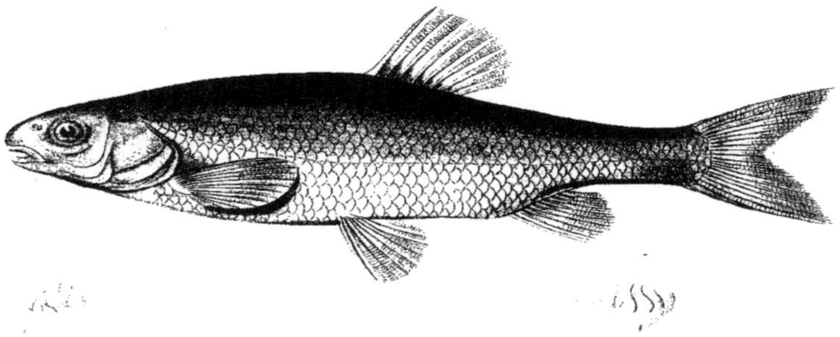

ABLE de Savigny   LEUCISCUS Savignyii nob.

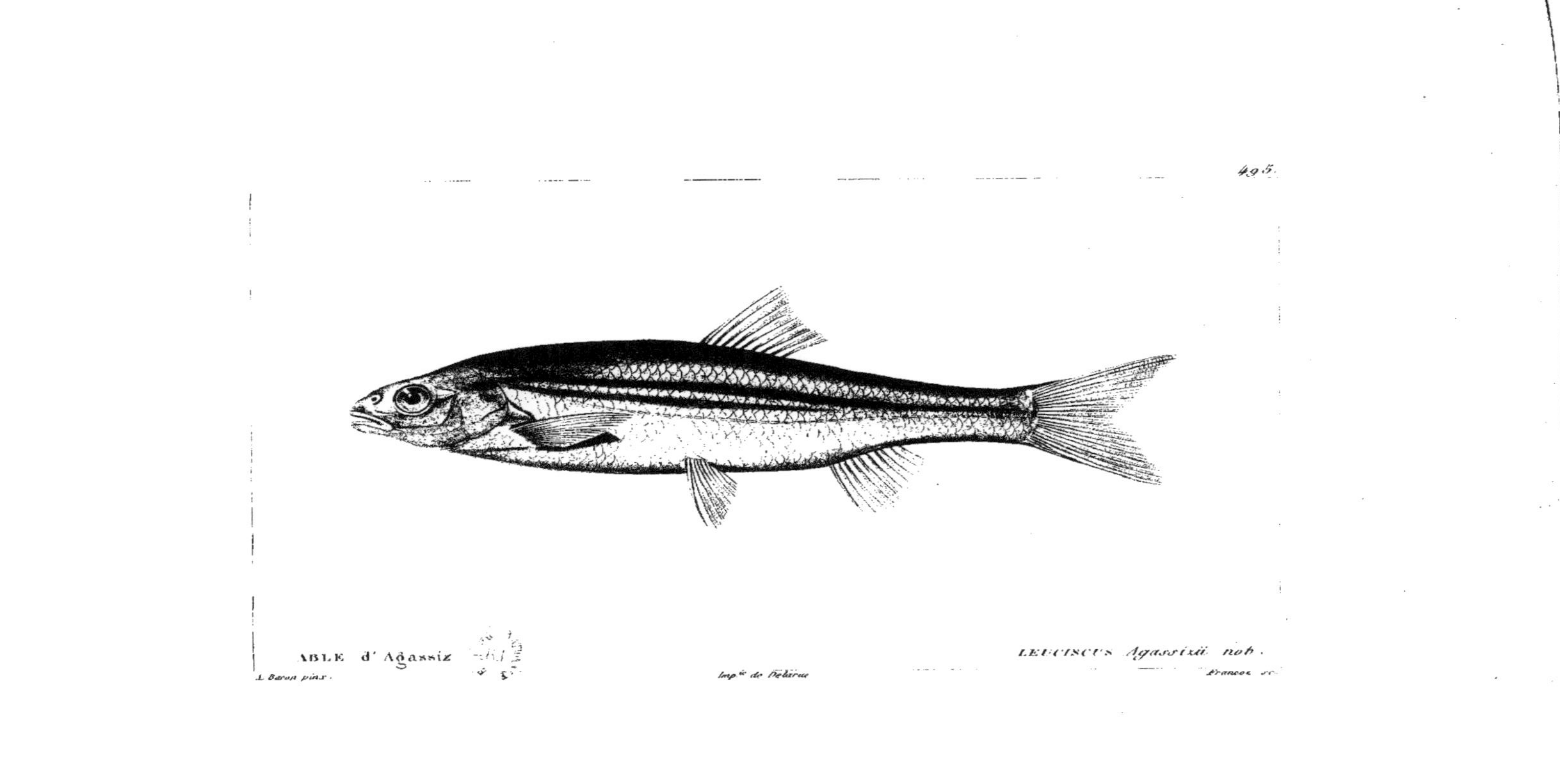

ABLE d'Agassiz

LEUCISCUS Agassizii nob.

A. Baron pinx.   Imp.ᵉ de Delarue   Francœr sc.

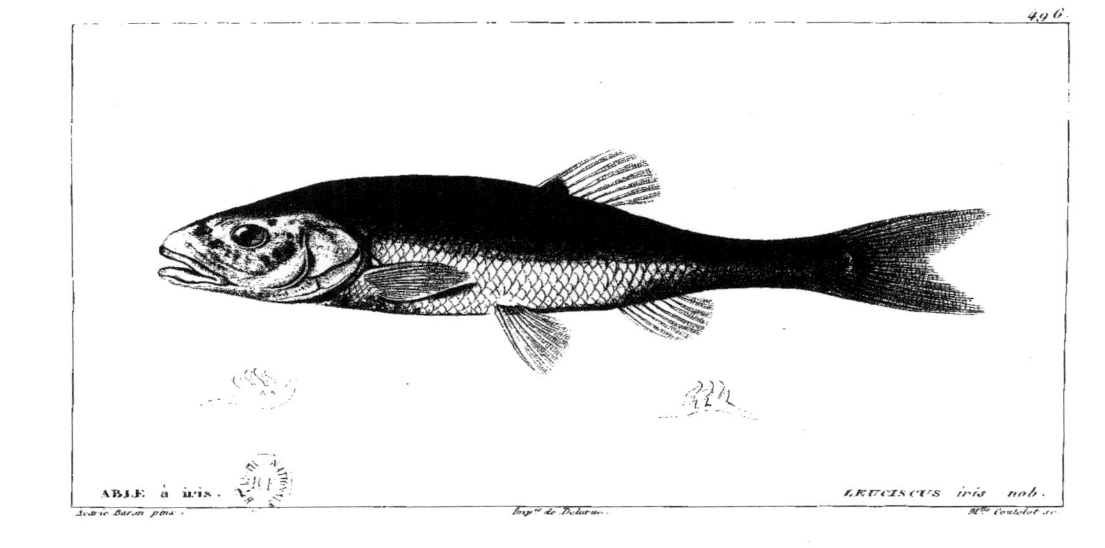

ABLE à iris.   LEUCISCUS iris nob.

Acarie Baron pinx.   Imp.^r de Delarue.   Mlle Coutelet sc.

497.

ABLE de Baldner
LEUCISCUS Baldneri nob.
A. Baron p.
Imp.e de Delarue.
M.elle Coutelot sc.

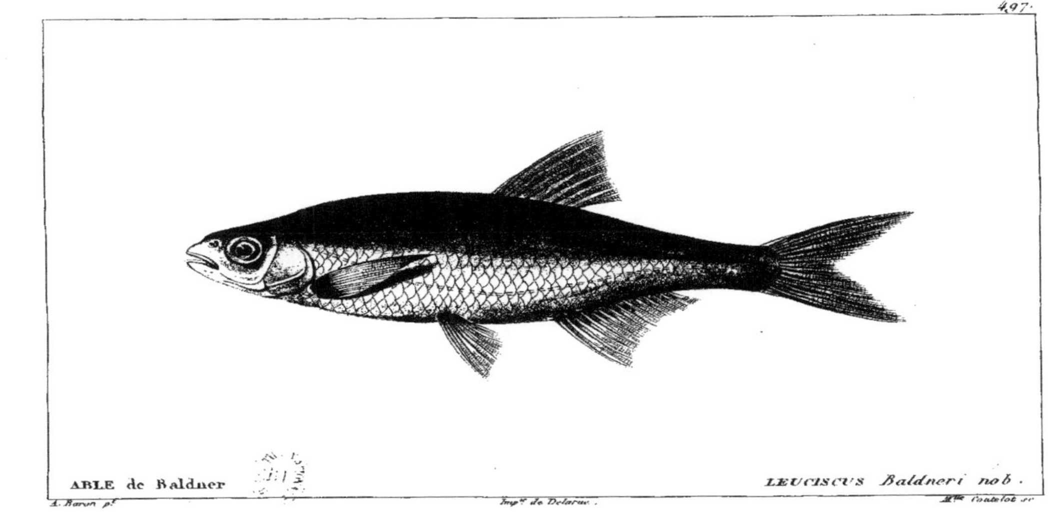

498.

ABLE du stymphale.
LEUCISCUS stymphalicus nob.
A. Baron pinx.
Imp.^{rie} de Delarue.
Mlle Coutelat sc.

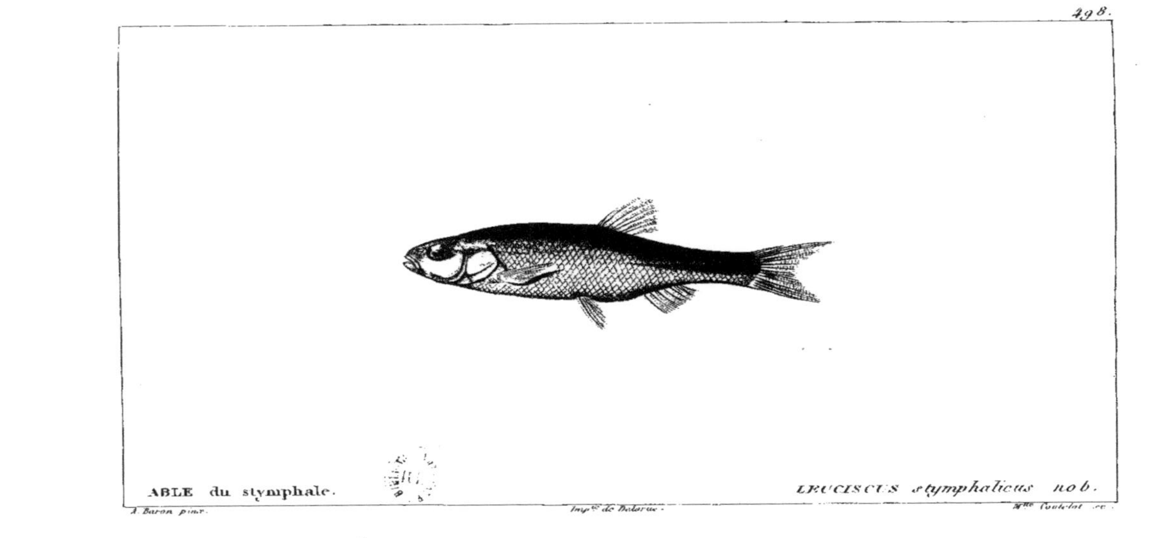

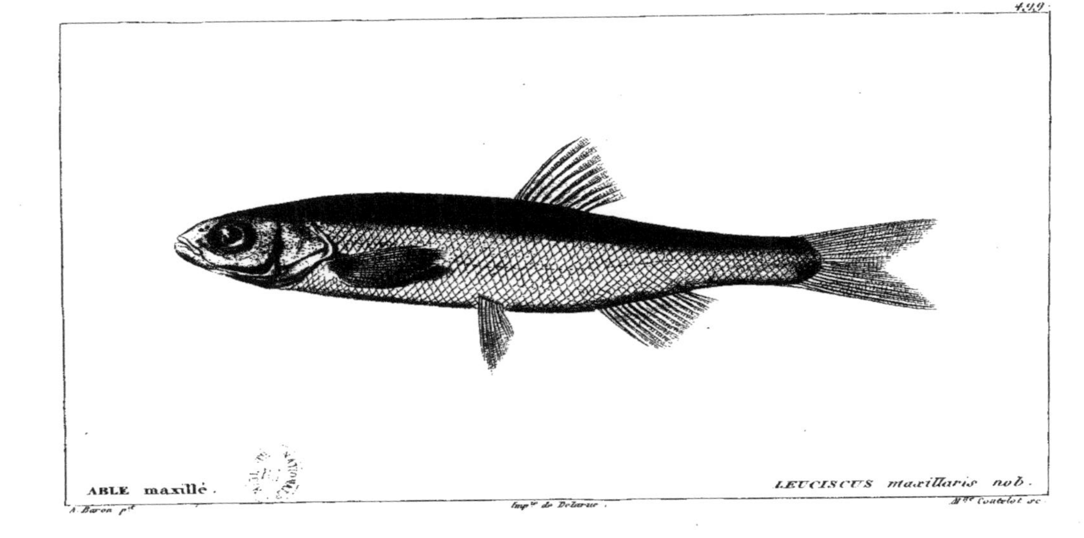

499.
ABLE maxillé.
LEUCISCUS maxillaris nob.
A. Baron p.t
Imp.ie de Delarue.
Mde Coutelet sc.

500.
ABLE Harengule .
LEUCISCUS Harengula
Victor Baron pinx.
Imp.t de Delarue .
Forget sculp.

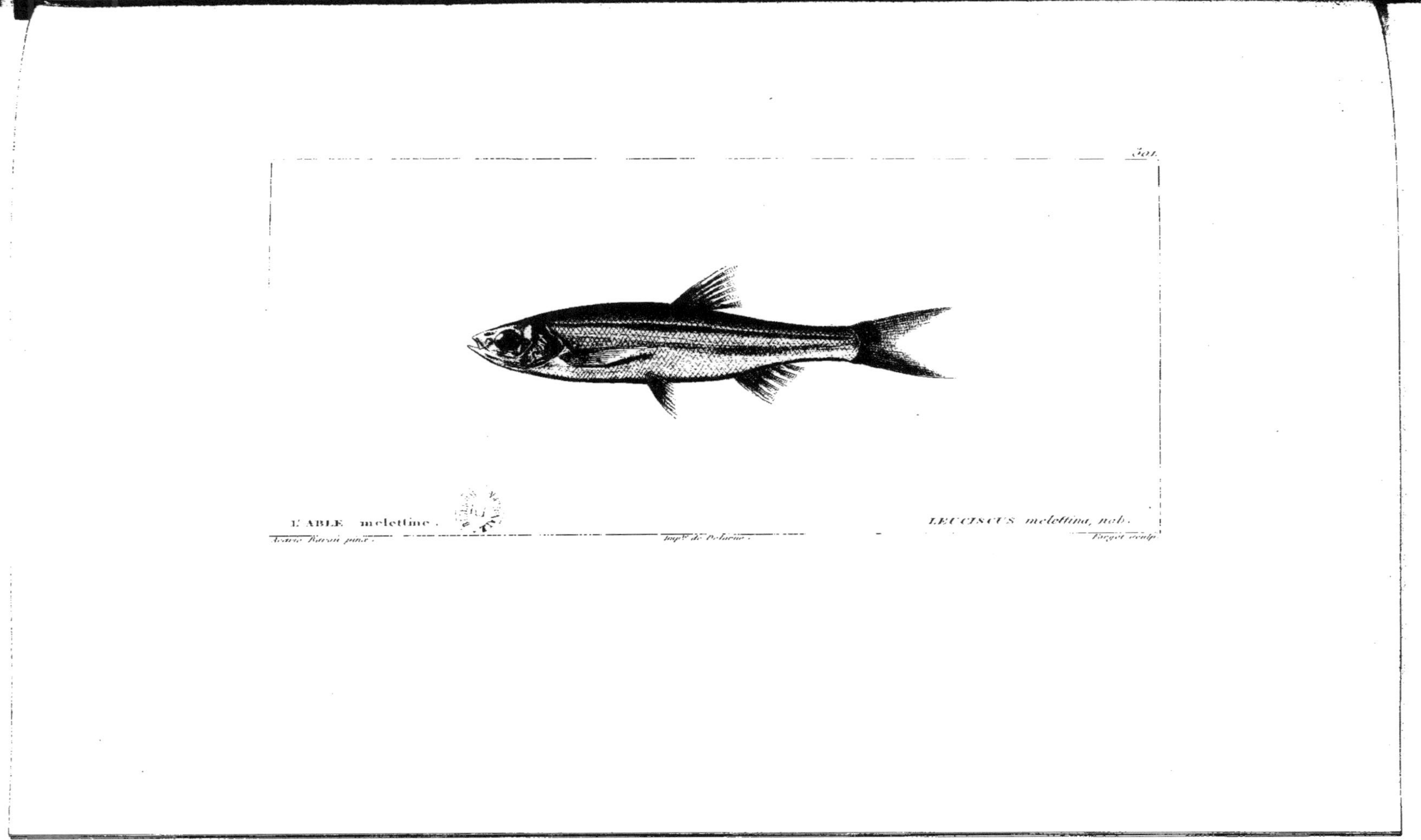

301.
L'ABLE melettine.
LEUCISCUS melettina, nob.
Victor Baron pinx.
Imp.r de Delarue.
Forget sculp.

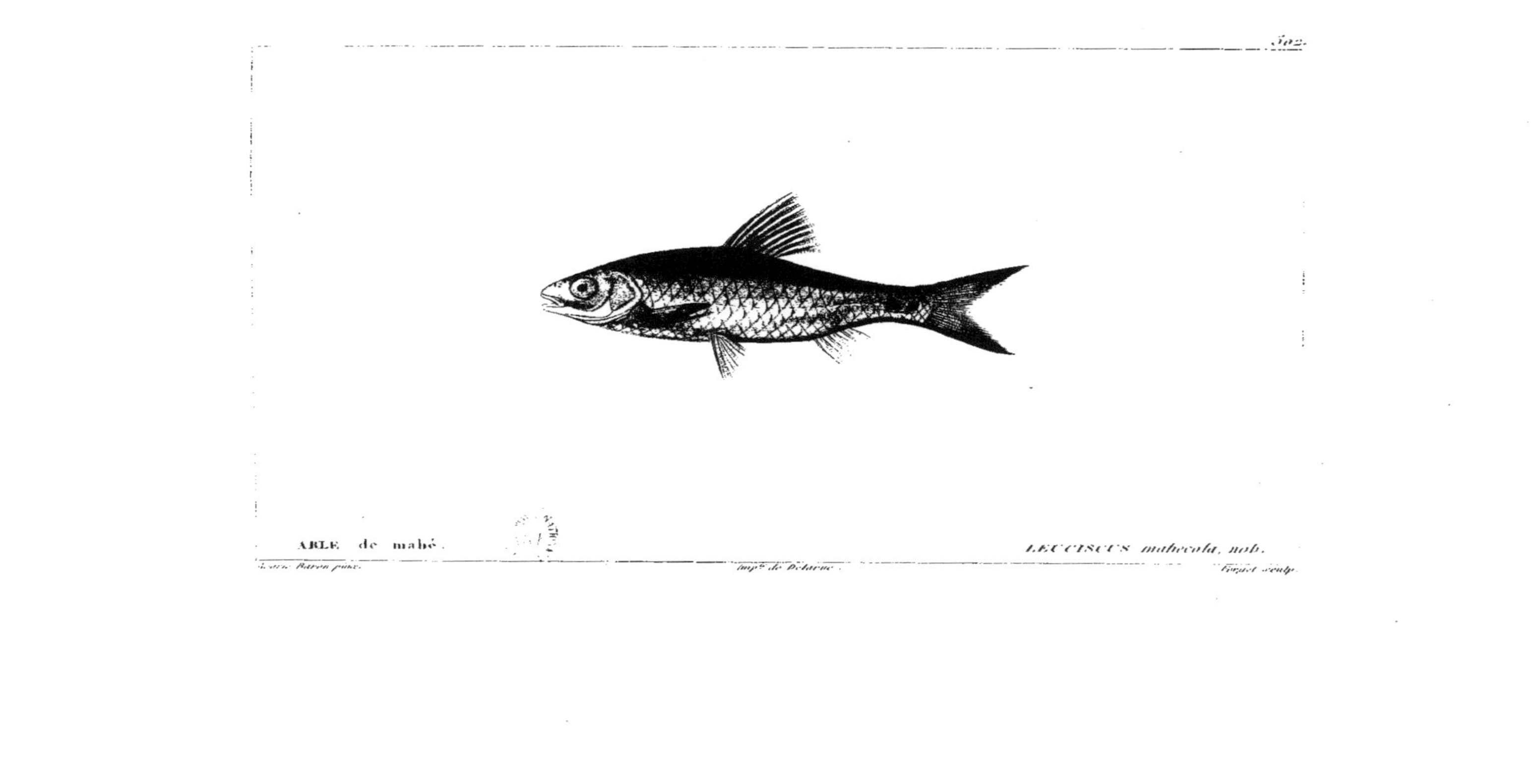

ABLE de mahé.   LEUCISCUS mahecola, nob.

ABLE des Gates.   LEUCISCUS galensis. nob.

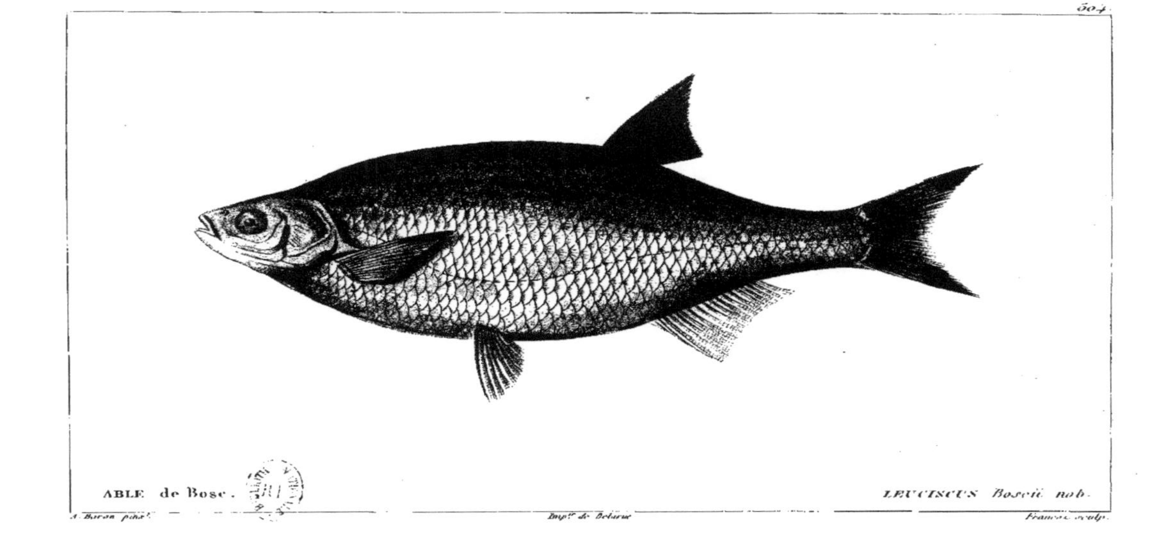

ABLE de Bosc.   LEUCISCUS Boscii nob.

A. Baron pinx.   Imp.ᵉ de Delarue   François sculp.

ABLE de Storer.

LEUCISCUS Storeri, nob.

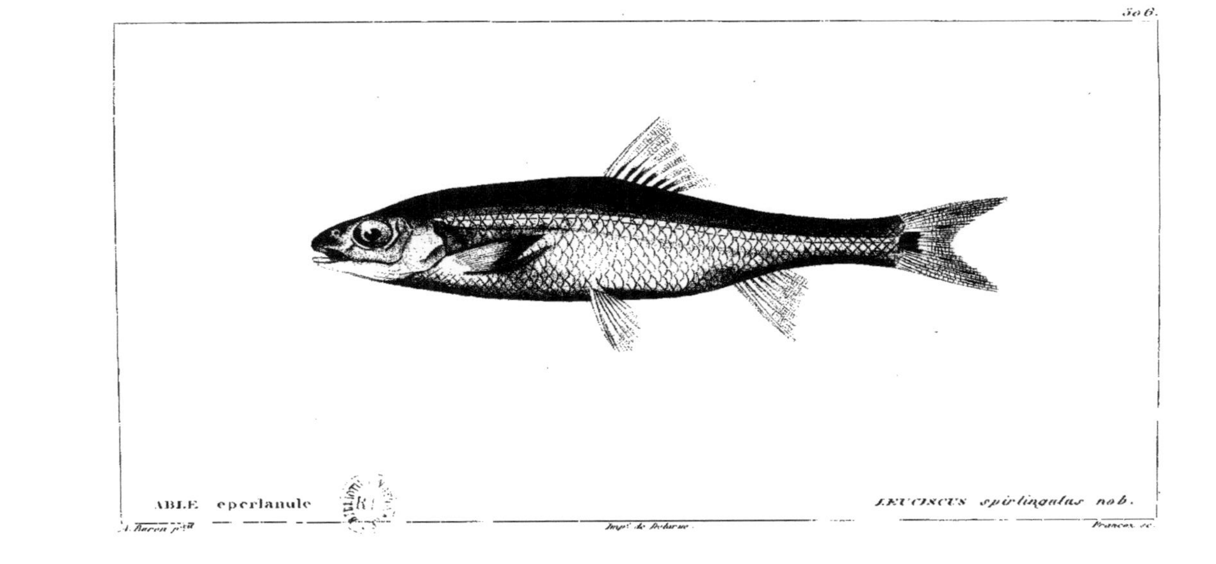

506.

ABLE eperlanule

LEUCISCUS spirlingulas nob.

A. Baron pinx.

Imp. de Deberne.

Prenex sc.

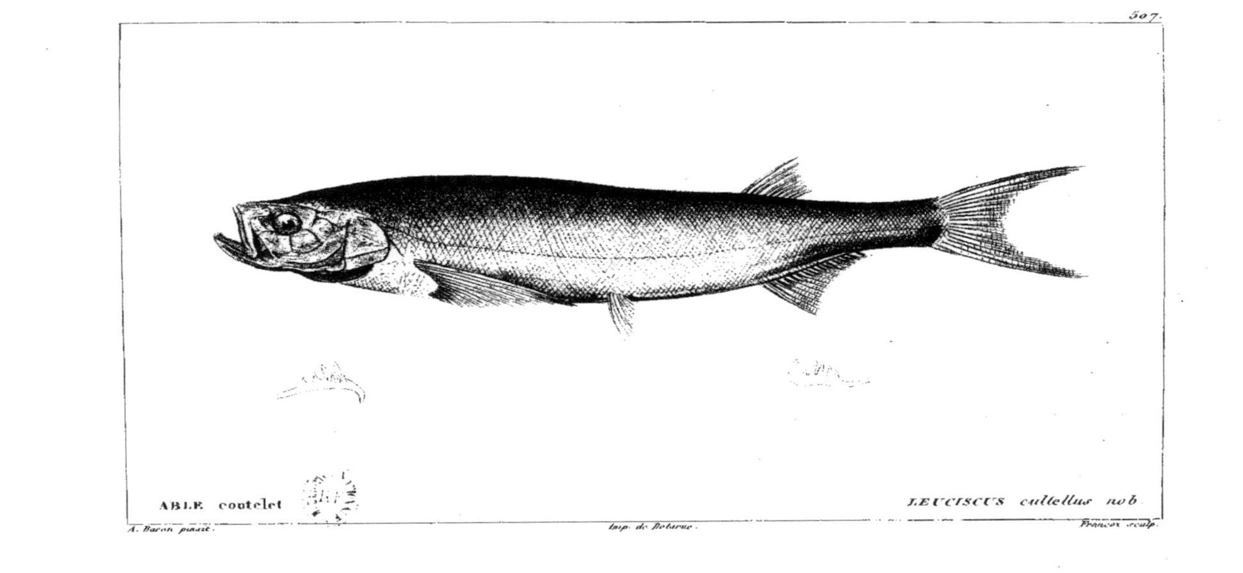

ABLE coutelet
LEUCISCUS cultellus nob.
A. Baron pinxit.
Imp. de Bclarue.
Francis sculp.

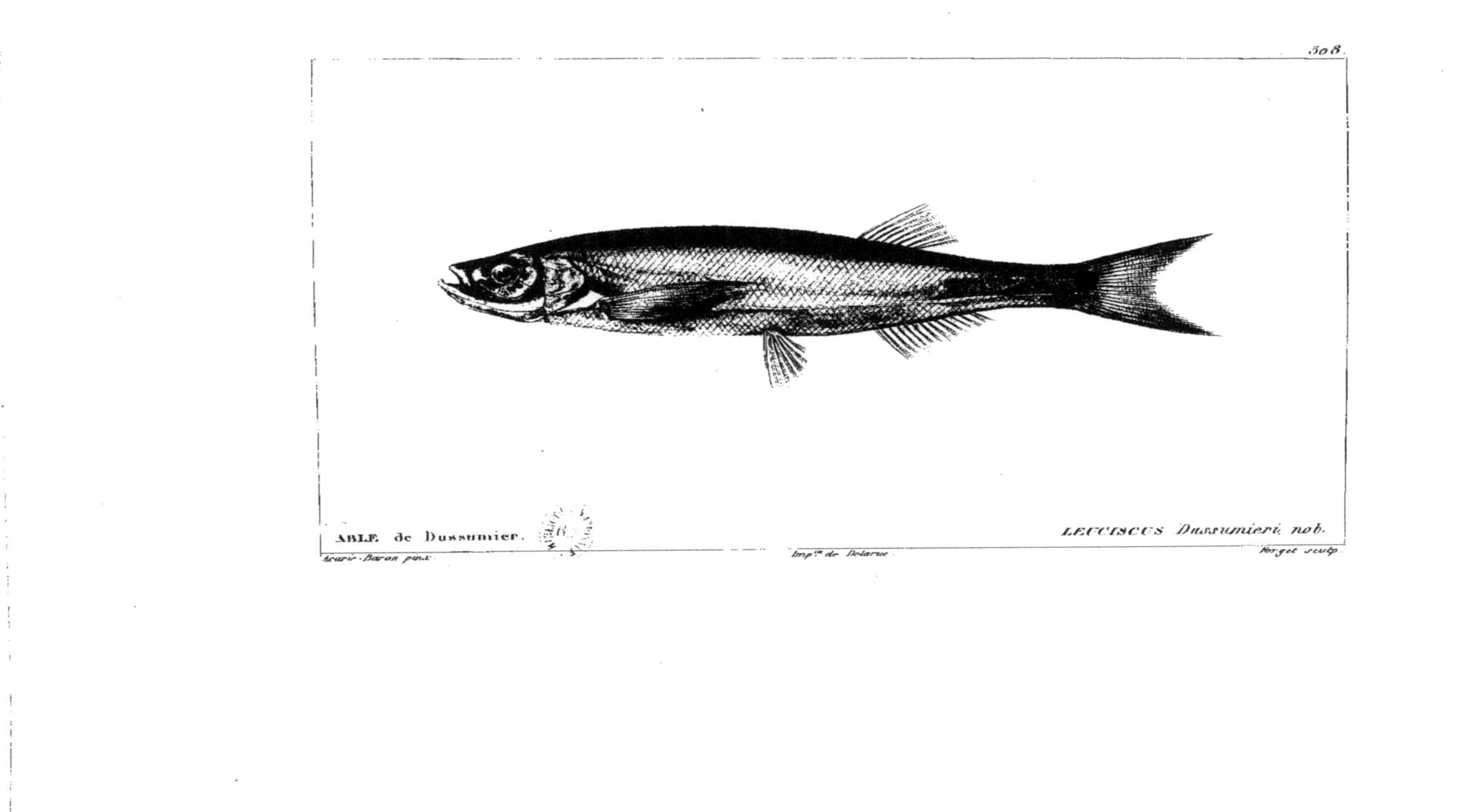

ABLE. de Dussumier.

LEUCISCUS Dussumieri, nob.

Acarie-Baron pinx.

Imp.ᵉ de Delarue.

Forget sculp.

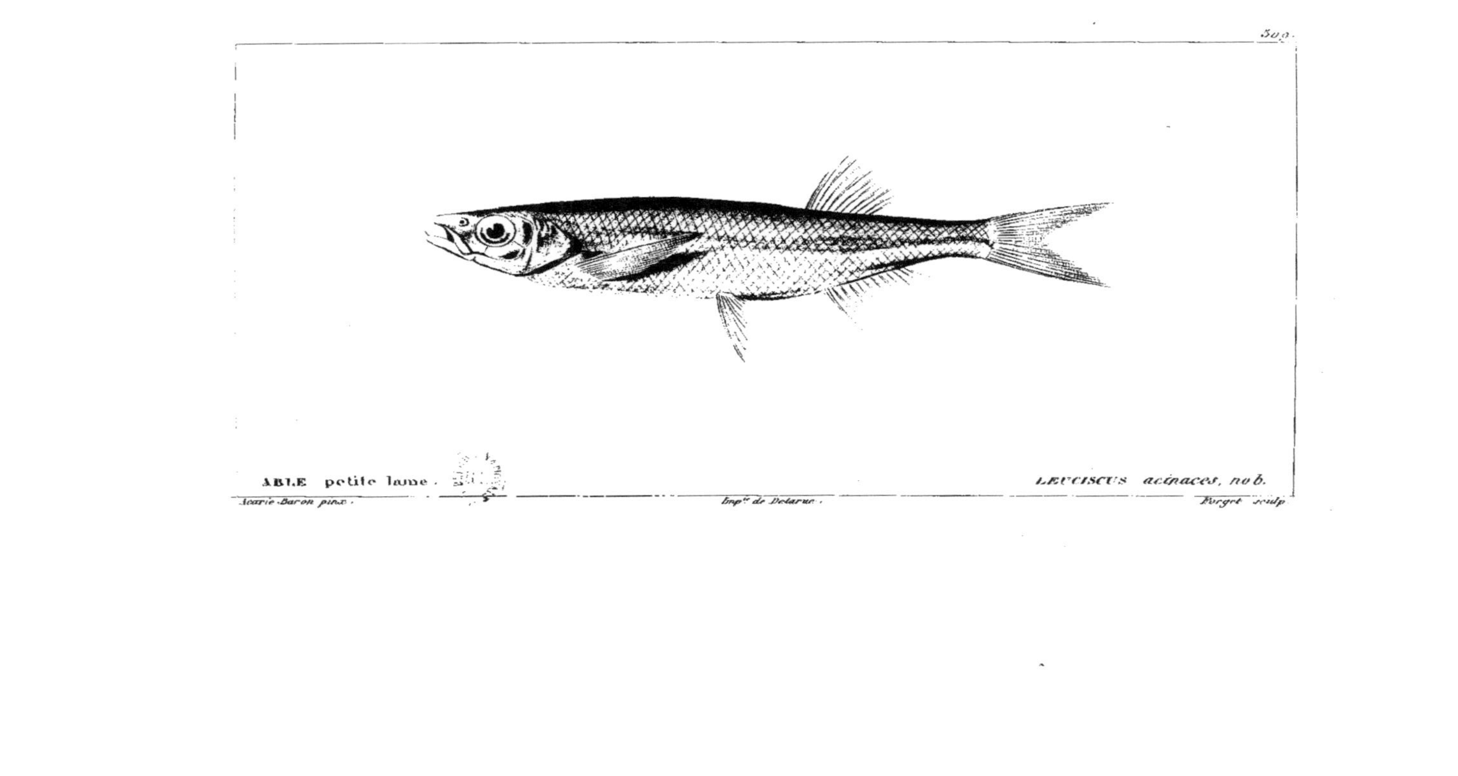

ABLE petite lame.

LEUCISCUS acinaces, nob.

Acarie Baron pinx.

Imp.^e de Delarue.

Forget sculp.

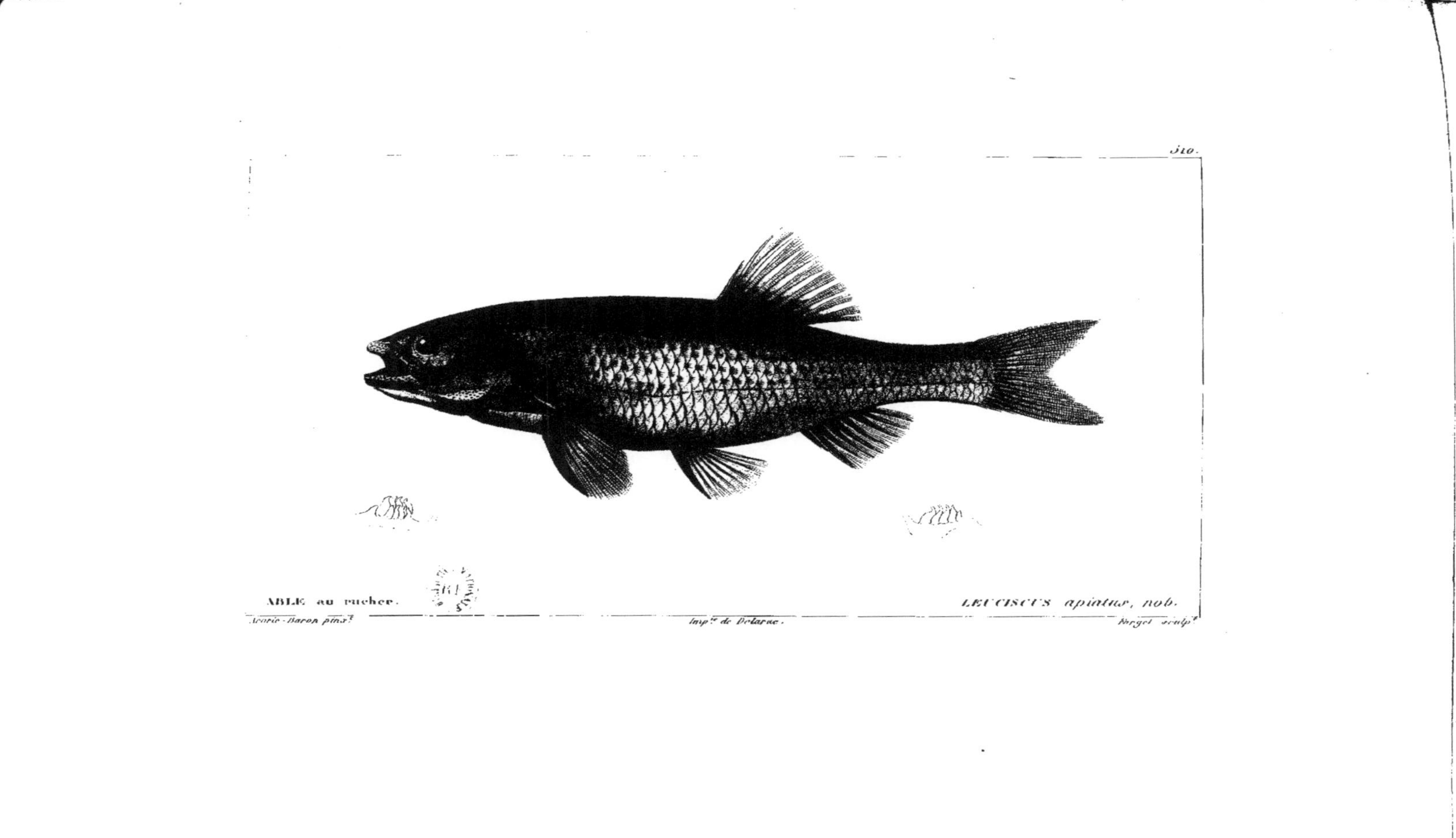

ABLE au rucher.   LEUCISCUS apiatus, nob.

Acarie-Baron pinx.t   Imp.r de Delarue.   Burgel sculp.t

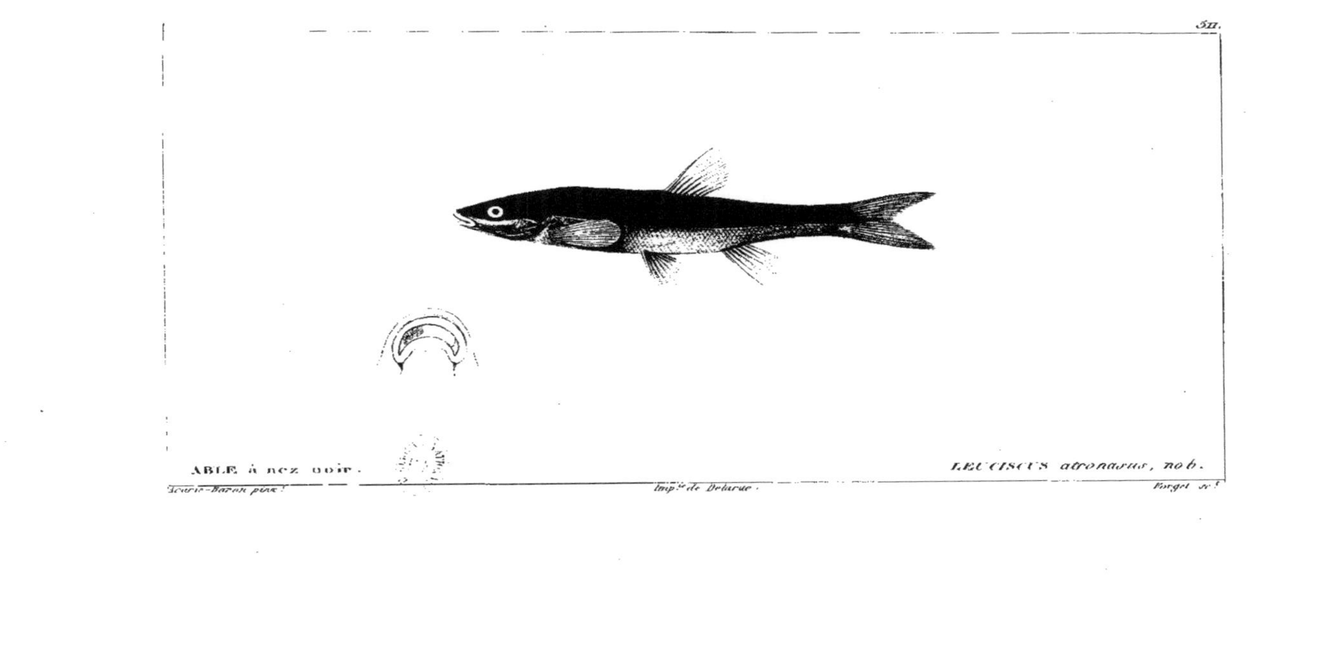

ABLE à nez noir. — LEUCISCUS atronasus, nob.

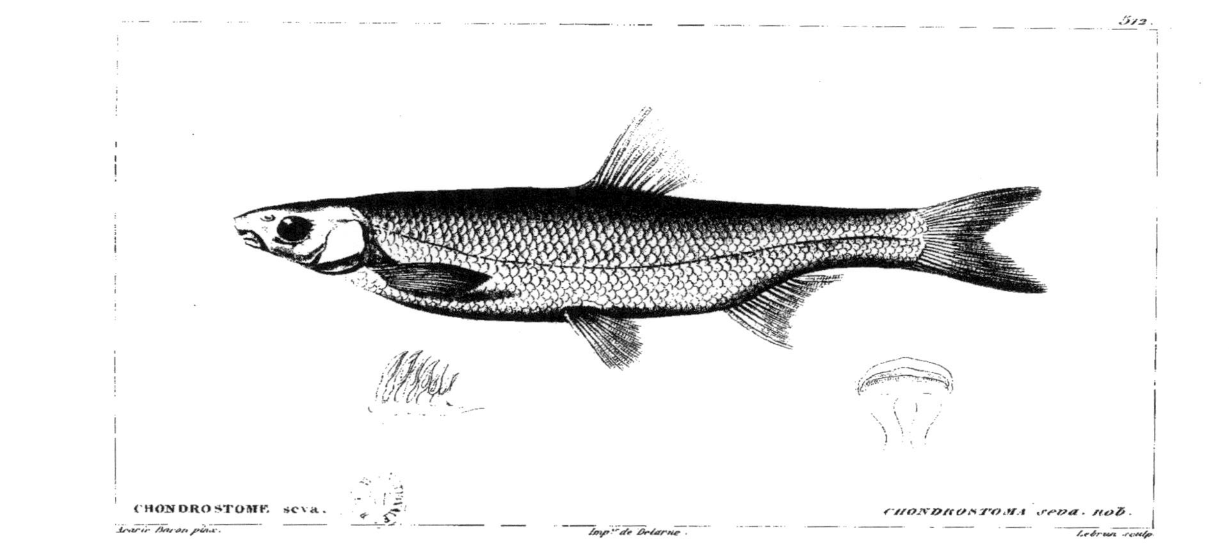

512.
CHONDROSTOME. seva.
CHONDROSTOMA seva. nob.
Acarie Baron pinx.
Imp.r de Delarue.
Lebrun sculp.

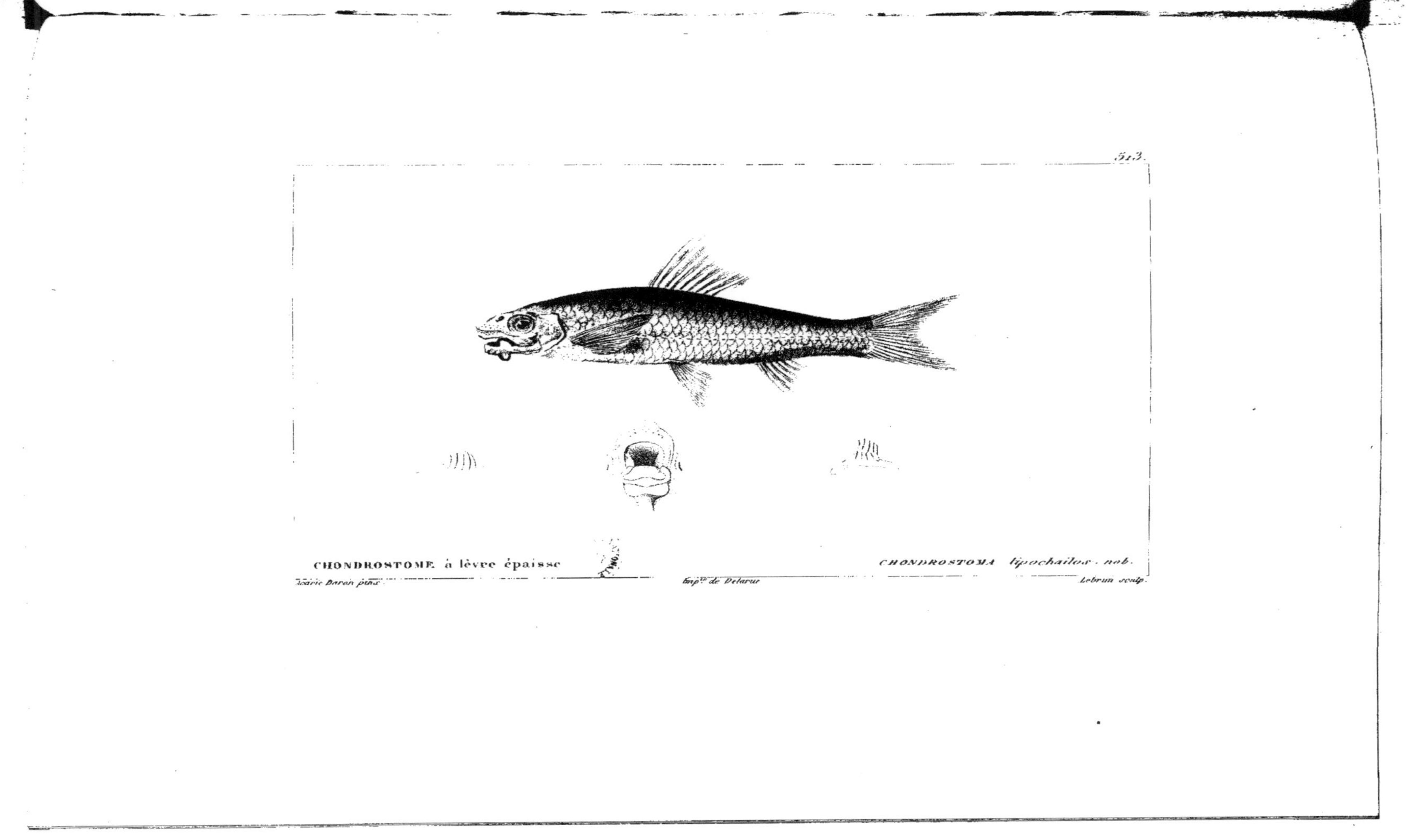

CHONDROSTOME à lèvre épaisse

CHONDROSTOMA lipochailos. nob.

Icarie Baron pinx.

Imp.e de Delarue

Lebrun sculp.

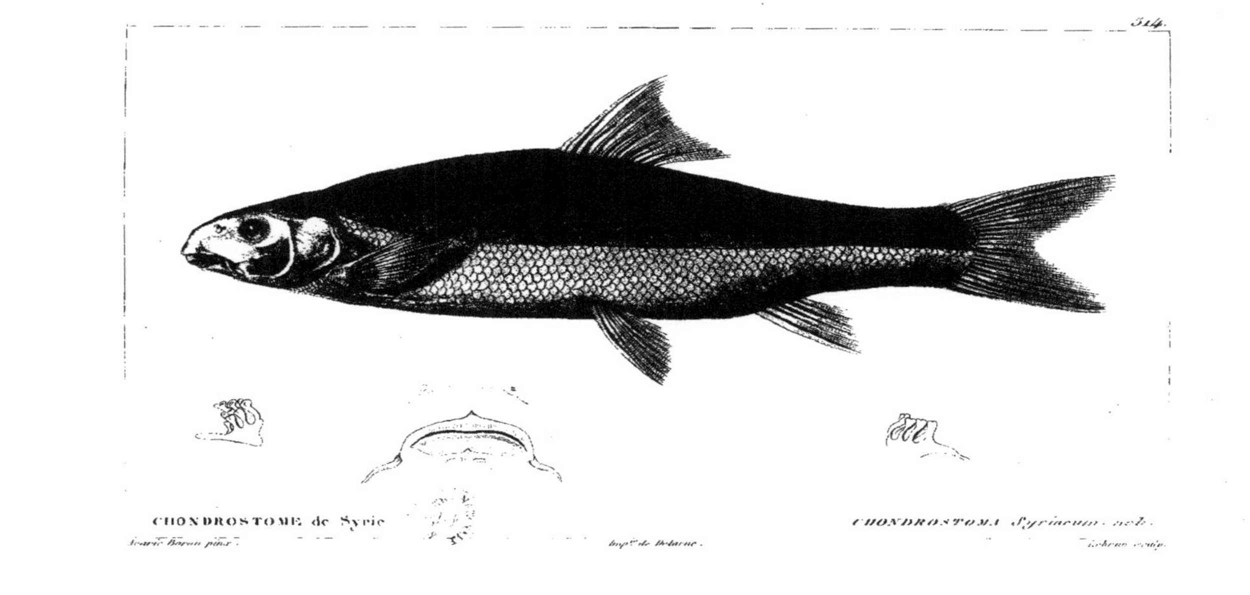

CHONDROSTOME de Syrie

CHONDROSTOMA Syriacum. ach.

Isarie Baron pinx.

Imp.^{te} de Delarue.

Lebrun sculp.

314.

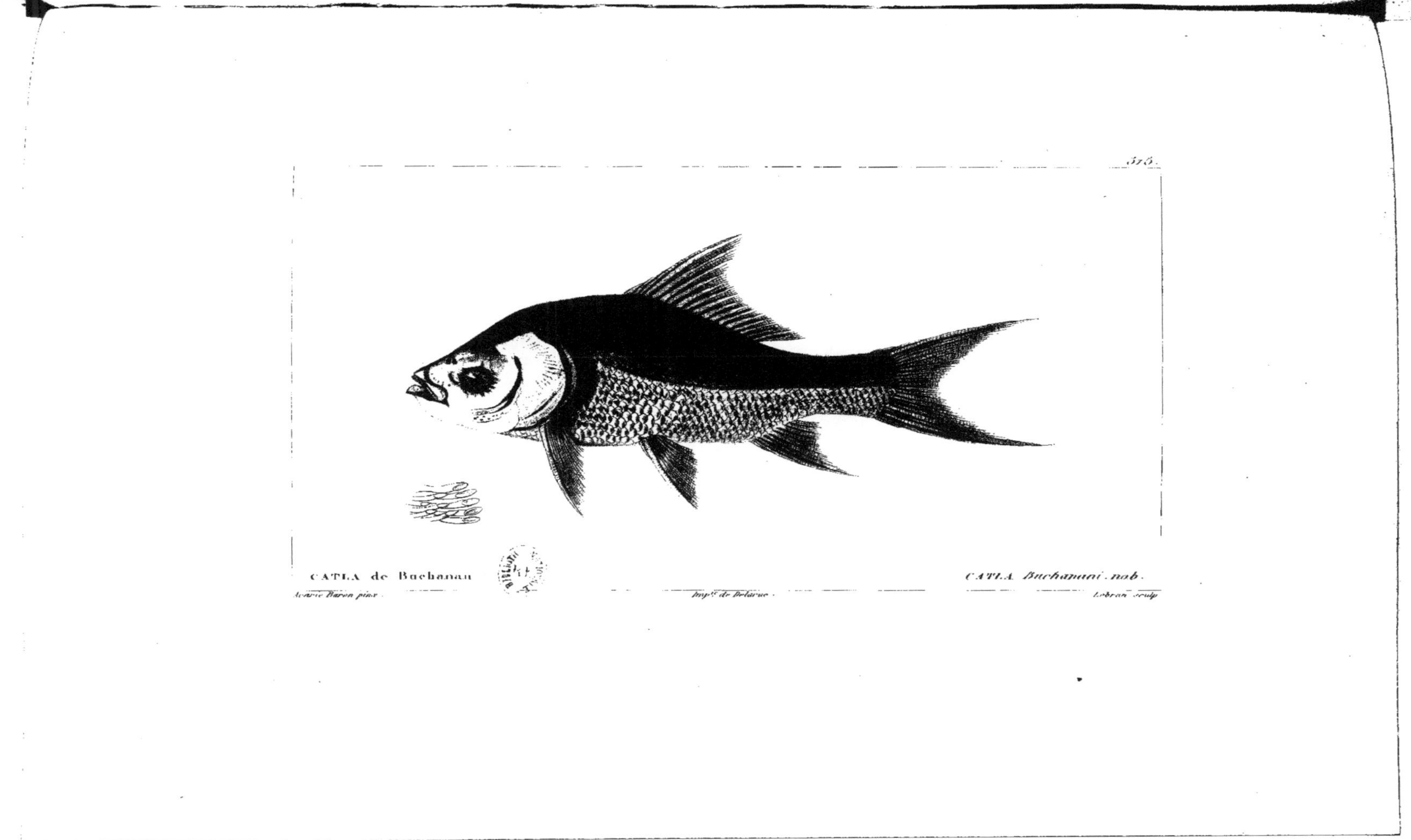

316.
CATLA de Buchanan
CATLA Buchanani. nob.
Acarie Baron pinx
Imp.e de Delarue
Lebrun sculp

CATOSTOME a tête plate.   CATOSTOMUS planiceps. nob.

Acarie Baron pinx.   Imp.te de Delarue.   Lebrun sculp.

317.

CATOSTOME carpe.   CATOSTOMUS carpio.

Acarie Baron pinx.   Imp.^{te} de Delarue.   Lebrun sculp.

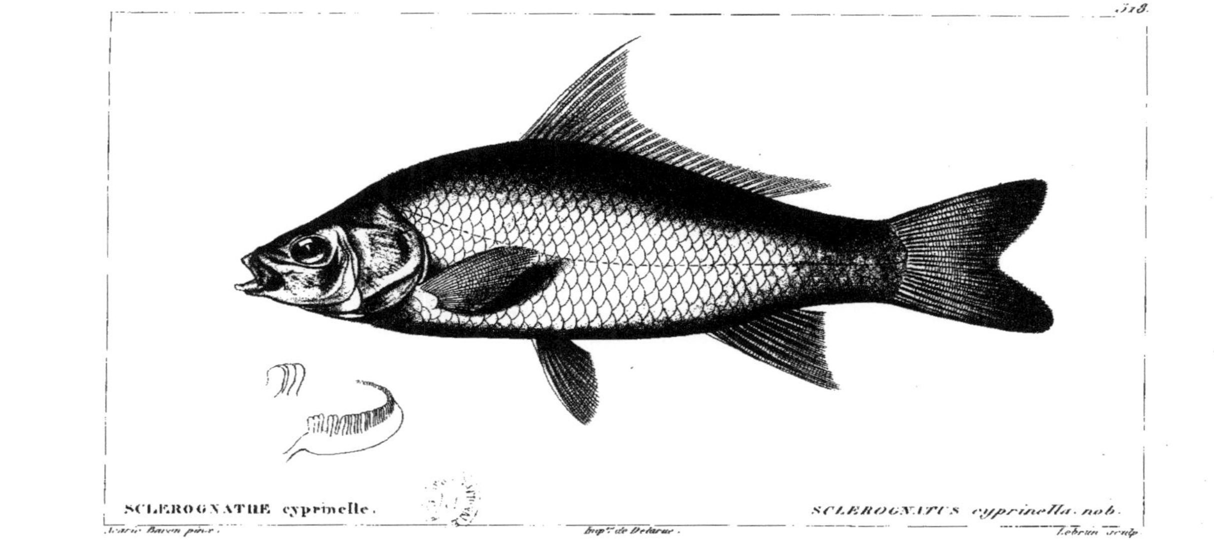

SCLÉROGNATHE cyprinelle.

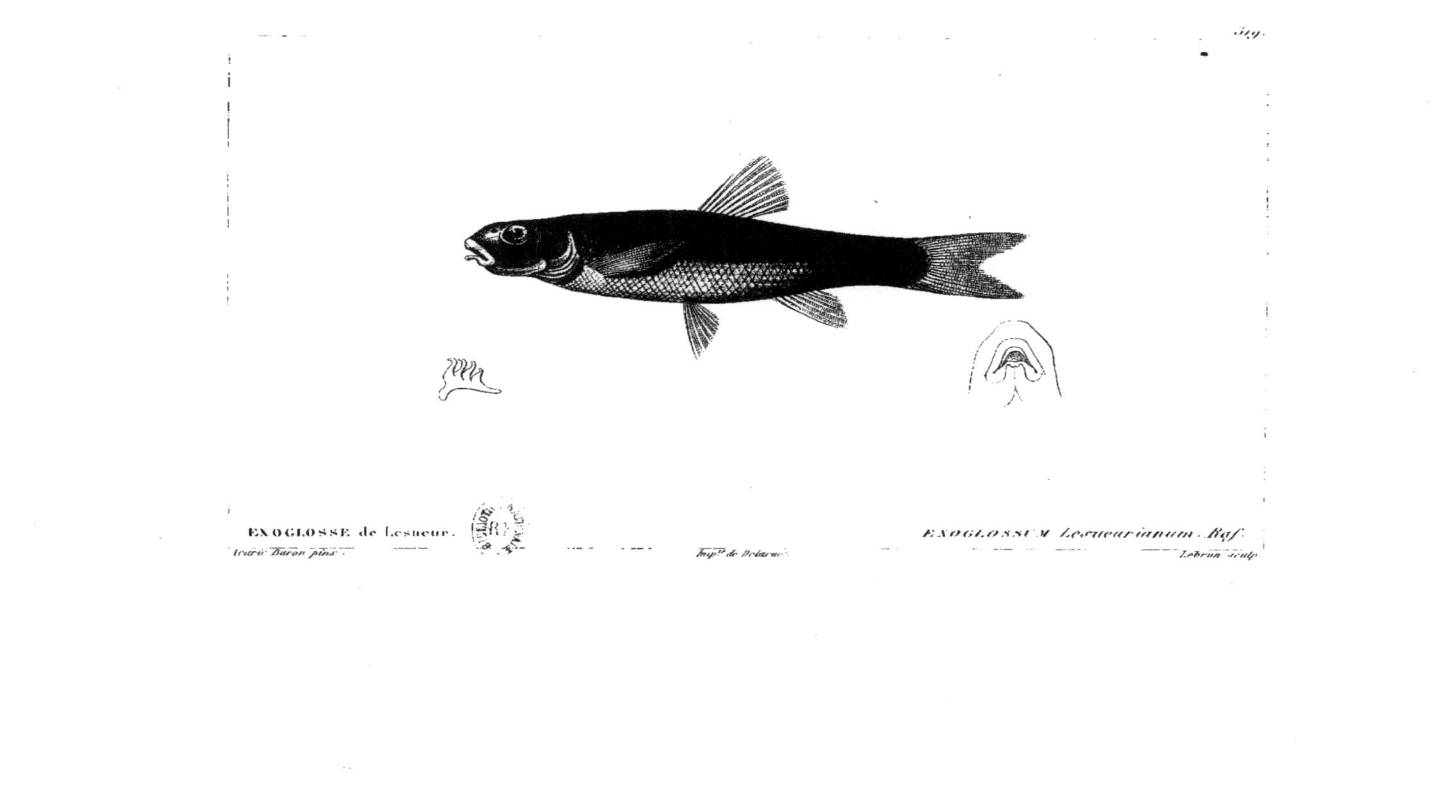

EXOGLOSSE de Lesueur.   EXOGLOSSUM Lesueurianum. Raf.

Icart. Baron pinx.   Imp.ⁿ de Delarue   Lebrun sculp.

LOCHE franche

COBITIS barbatula Linn

Oudart p.t

Gérard sc.

Annedouche sc.

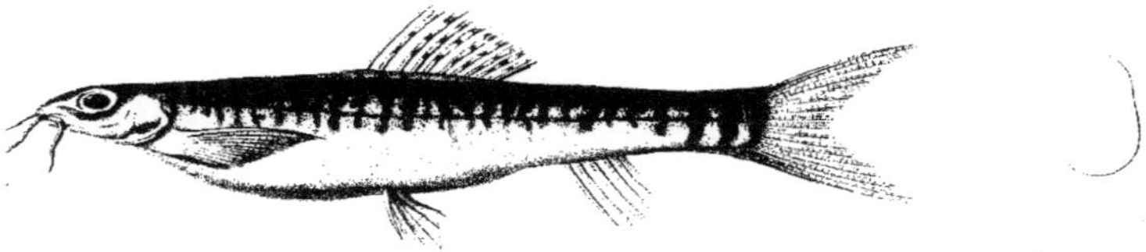

LOCHE aux barbes d'or. COBITIS Chrysolaimus nob.

Huet p.ᵗ Gérard rd Annedouche sc.

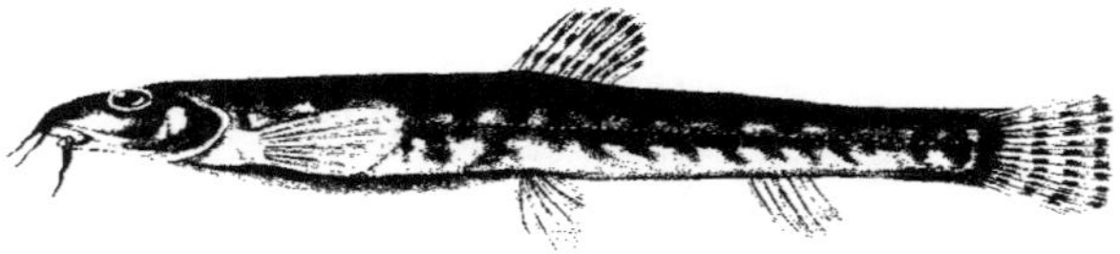

LOCHE Spiloptère

Oudard p.^t

Gérard col

COBITIS Spiloptera nob.

Annedouche sc.

LOCILE malaptérure

COBITIS malapterura nob

Oudart p.t

Gérard cal.

Annedouche sc.

523

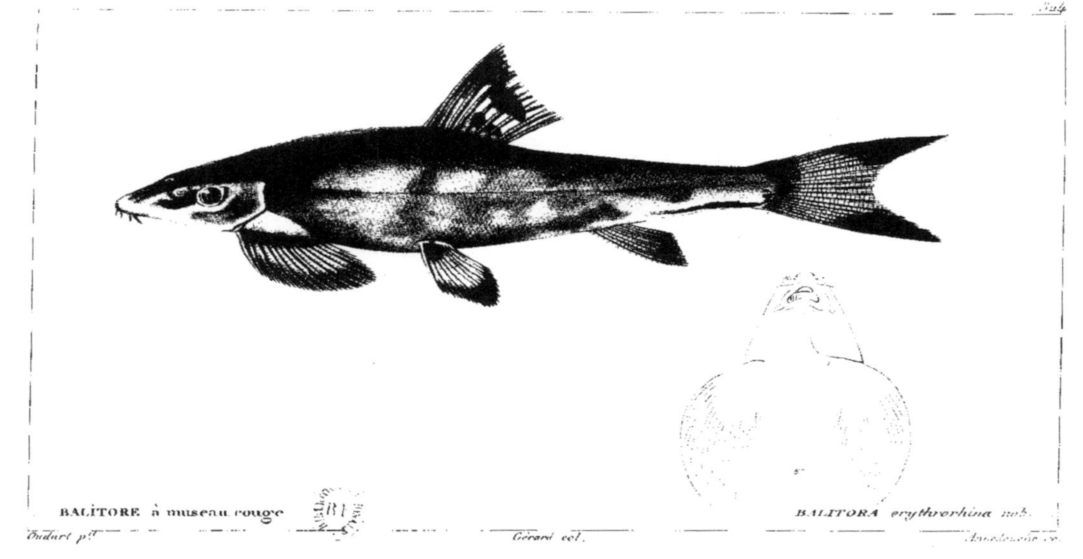

BALITORE à museau rouge — BALITORA erythrorhina nob.

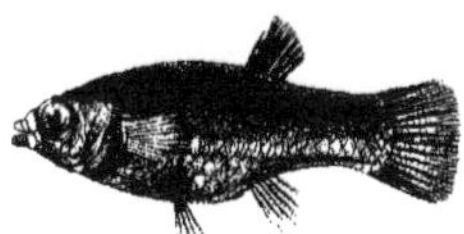

POECILIE de St Domingue   *PŒCILIA dominicensis nob*

POECILIE à museau en coin   *PŒCILIA sphenops nob*

Oudart p.t   Gérard col.   Annedouche sc

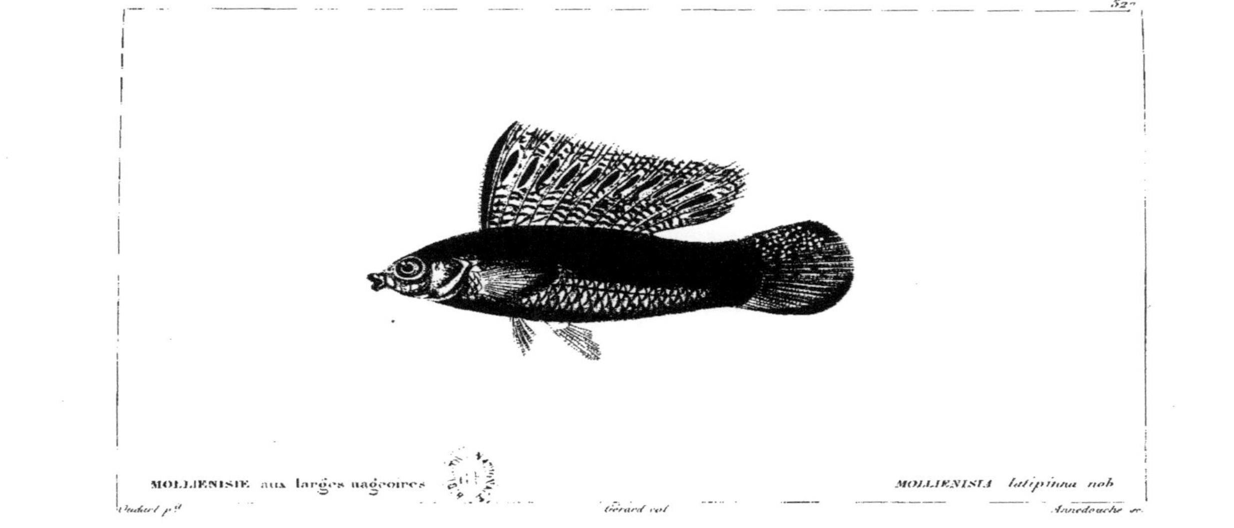

52

MOLLIÉNISIE aux larges nageoires — **MOLLIENISIA** latipinna nob

Vaillant p.ᵗ — Gérard col — Annedouche sc.

528

CYPRINODON d'Espagne   *CYPRINODON iberus nob.*

529

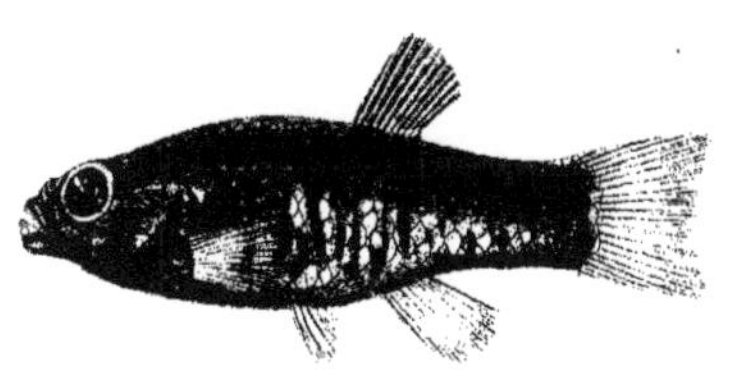

CYPRINODON de MOISE   *CYPRINODON Moscas nob.*

Oudart p.t   Gérard col.   Annedouche sc.

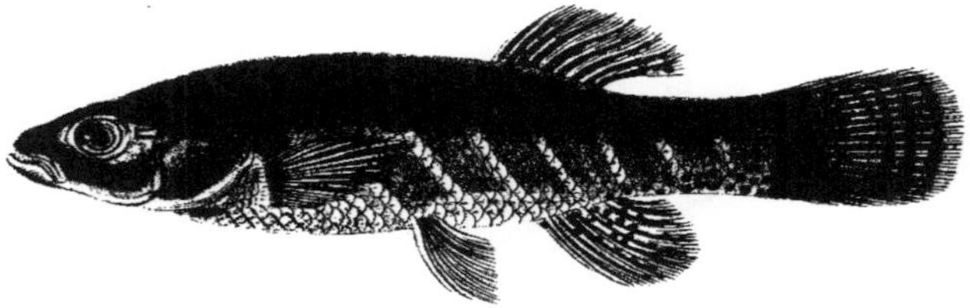

FUNDULE cacao
FUNDULUS cœnicolus nob.
Oudart p.t
Gerard col.
Annedouche sc.

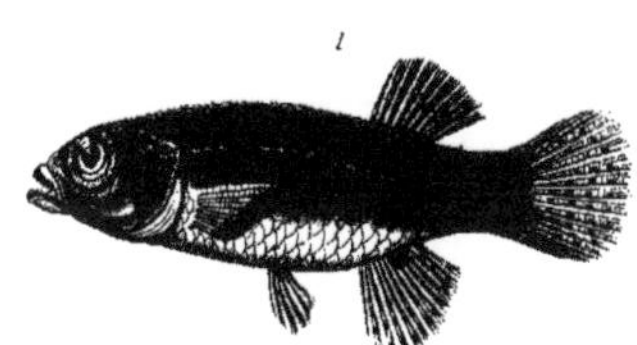

HYDRARGYRE d'Espagne   HYDRARGYRA hispanica nob

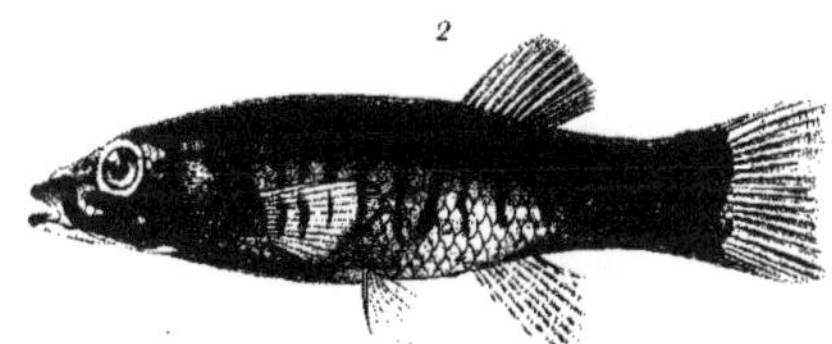

HYDRARGYRE Printanière   HYDRARGYRA Vernalis nob

Oudart p.^t   Gérard col   Annedouche sc

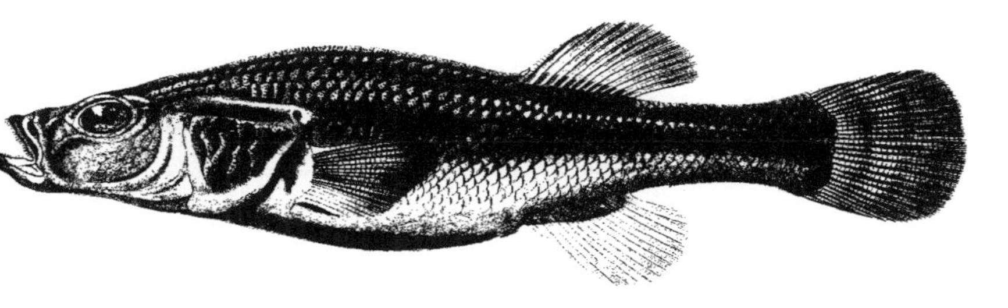

53

ORESTIAS de Cuvier

ORESTIAS Cuvieri nob.

Oudart p.^t

Gérard col.

Annedouche sc.

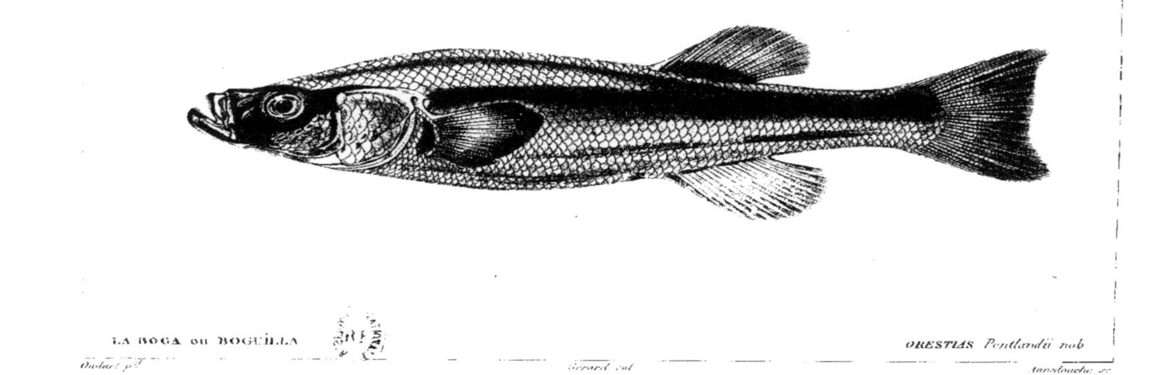

533
LA BOGA ou BOGUILLA
ORESTIAS Pentlandii nob
Oudart p.t
Girard del
Annedouche sc

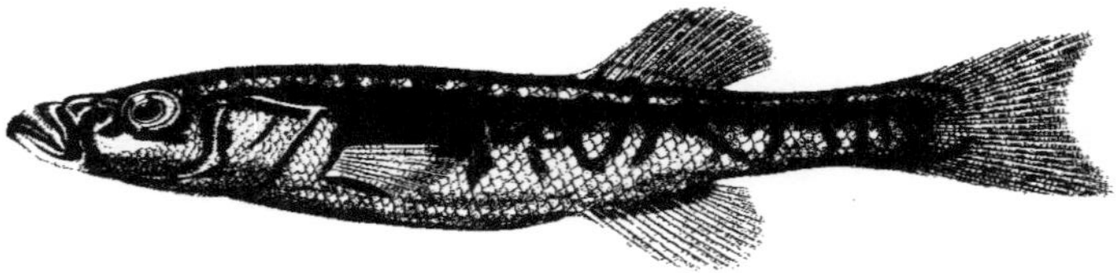

le PEJE Rey
ORESTIAS Humboldtii nob
Oudart pit
Gérard cal
Annedouche sc
214

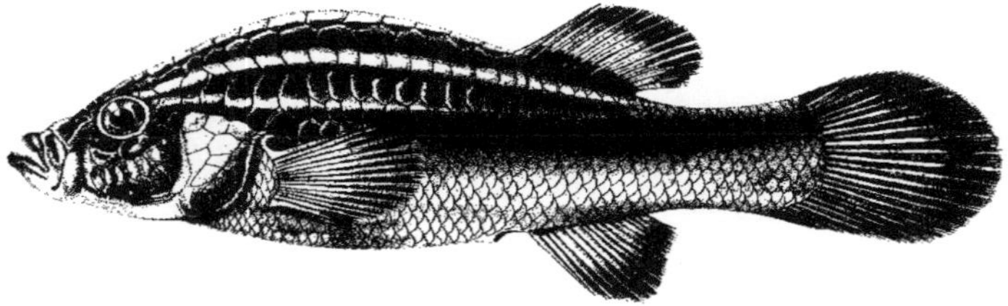

ORESTIAS de J. de jussieu   ORESTIAS Jussiei nob.

Oudard p.t   Gerard col.   Annedouche sc.

ORESTIAS d'Agassiz

ORESTIAS Agassizii nob

Oudart pit   Gérard col.   Annedouche sc

ORESTIAS blanc

Oudart p.t

Gérard col

ORESTIAS albus nob.

Annedouche sc.

ANABLEPS de Gronovius   ANABLEPS Gronovii nob.

Oudart p.t   Gérard col.   Annedouche sc.

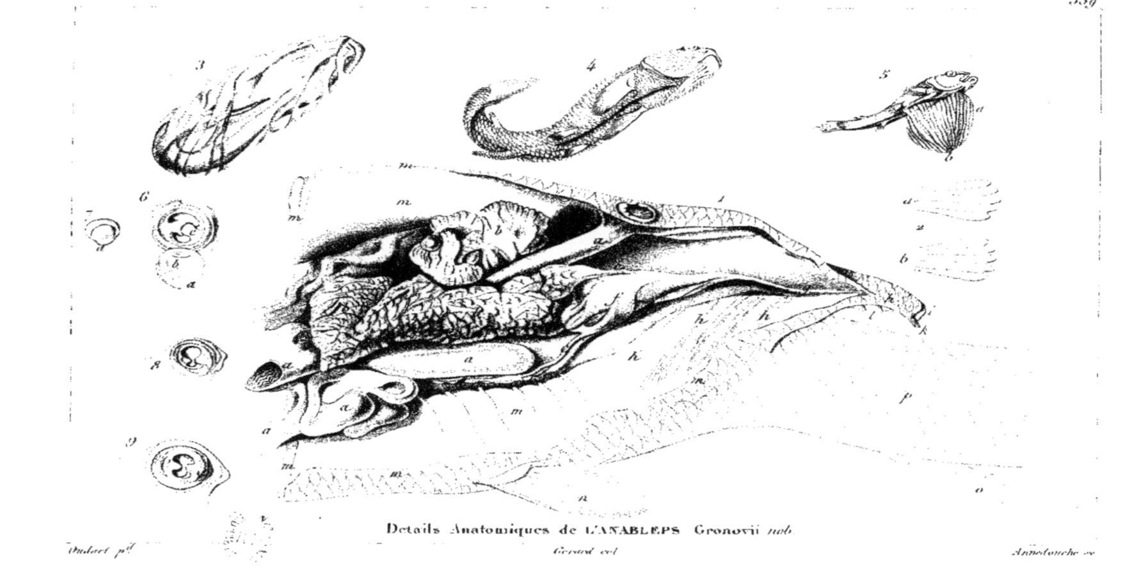

Details Anatomiques de L'ANABLEPS Gronovii nob.

Oudart p.t

Gerard col.

Annedouche sc.

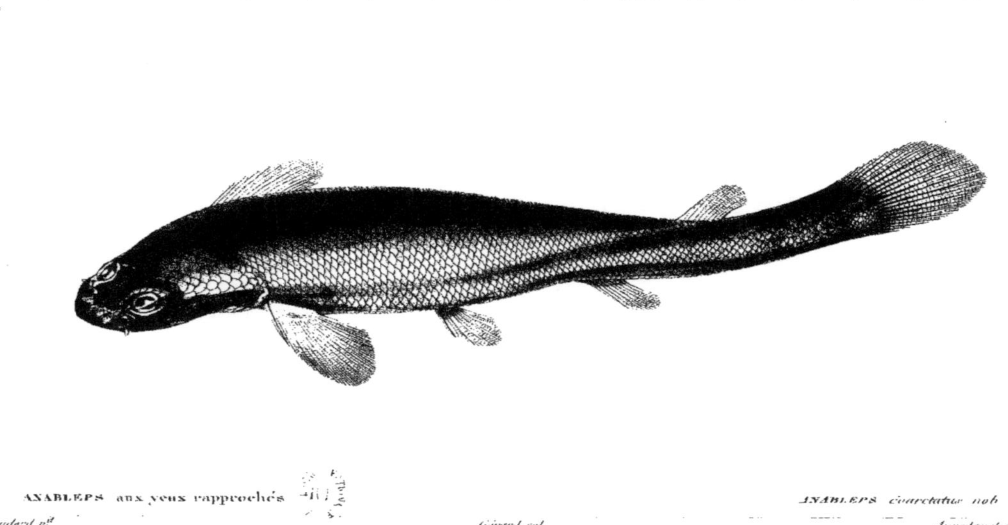

ANABLEPS aux yeux rapprochés — ANABLEPS coarctatus nob

Oudard p.t   Girard col   Annedouche sc

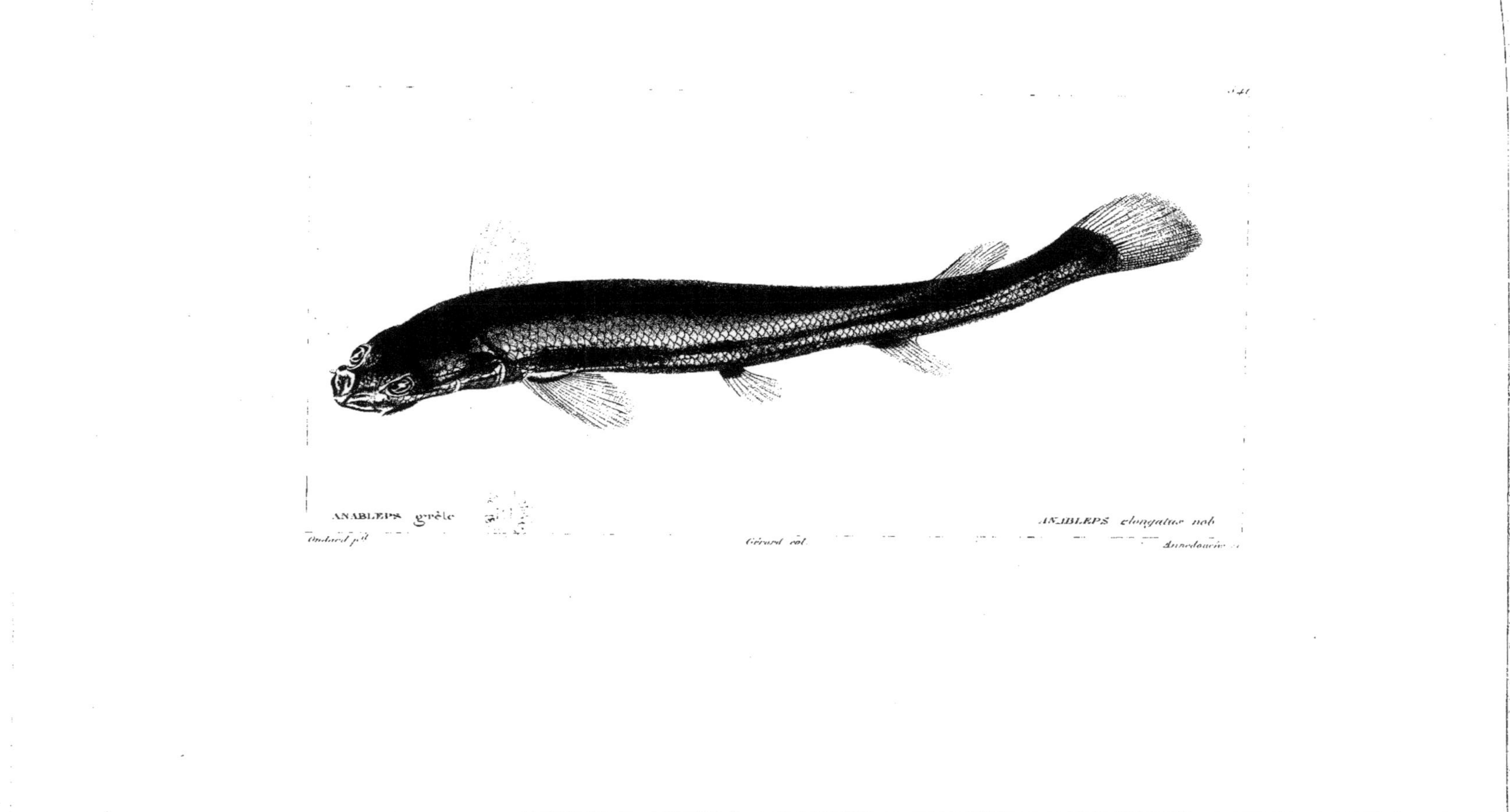

ANABLEPS grêle

ANABLEPS elongatus nob

Oudard p.t

Gérard col.

Annedouche

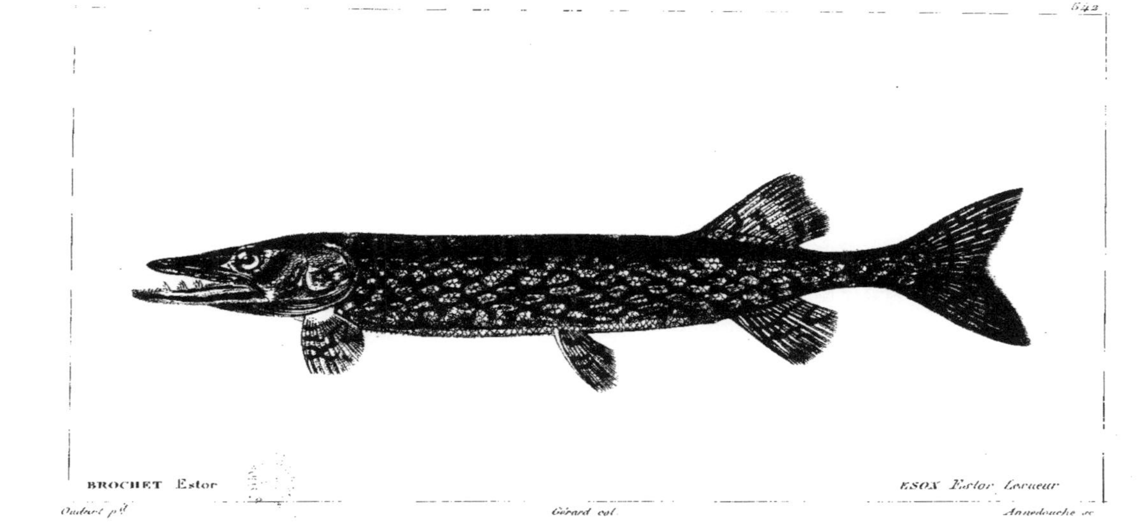

642

BROCHET Estor

ESOX Estor Lesueur

Oudart p.t   Gérard col.   Annedouche sc

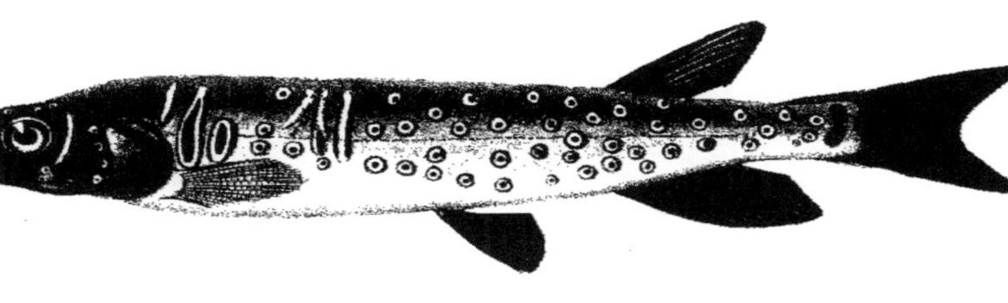

GALAXIE truitée. GALAXIAS truthaceus Cuv.

Oudart p.t Gérard col. Annedouche sc.

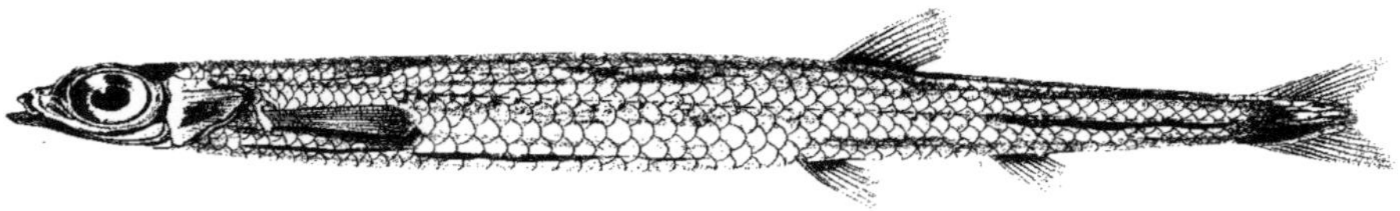

544

MICROSTOME argenté   MICROSTOMA argenteum nob

Oudart p.t   Gérard col   Baudouche sc

STOMIAS boa

STOMIAS boa nob

Oudart p.ᵗ

Gérard col

Anardouche sc

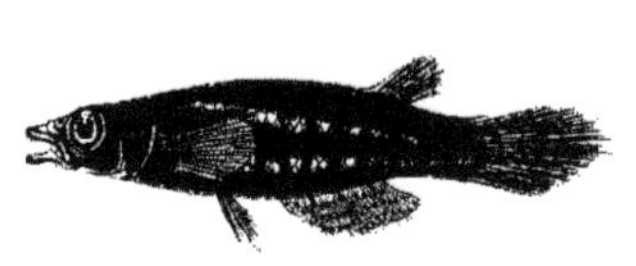

PANCHA rayé   PANCHAX lineatum nob.

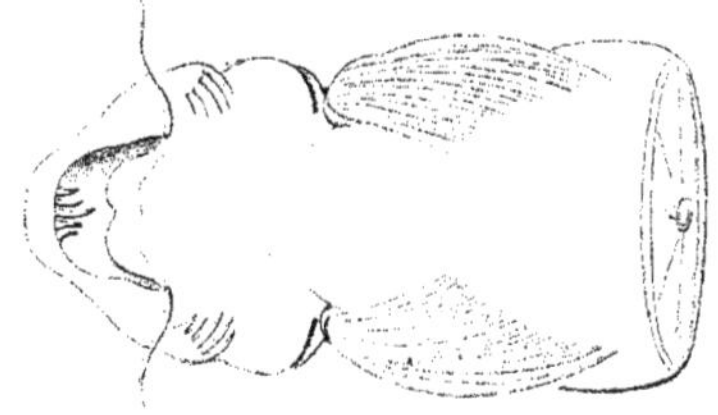

VANDELLIE a barbillons   VANDELLIA cirrhosa nob.

Oudart p.t   Gérard col   Annedouche sc

ORPHIE au bec ouvert BÉLONE hians Val.

Gérard col. Annedouche sc.

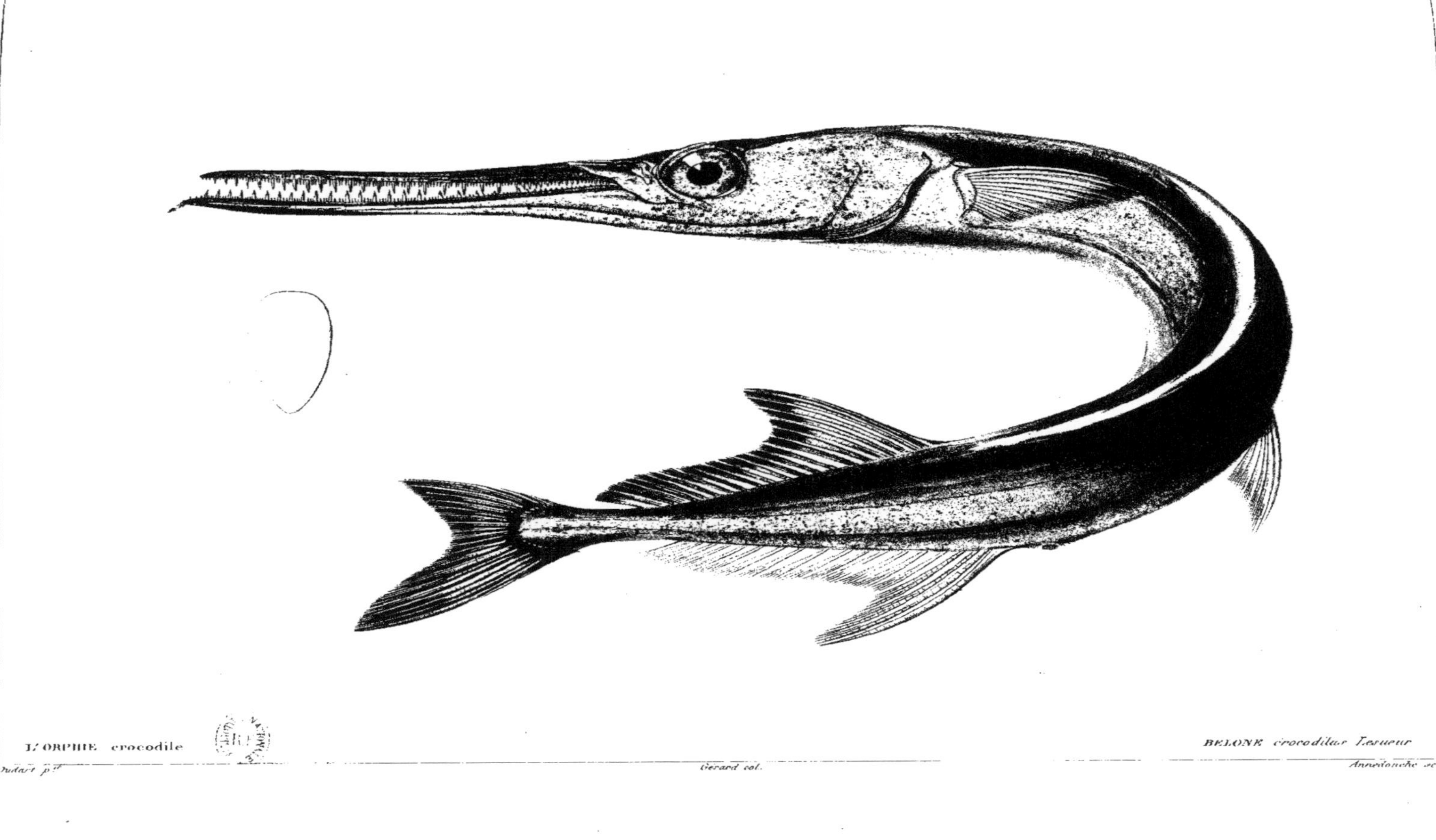

L'ORPHIE crocodile

BELONE crocodilus Lesueur

Oudart p.t — Gérard col. — Annedouche sc

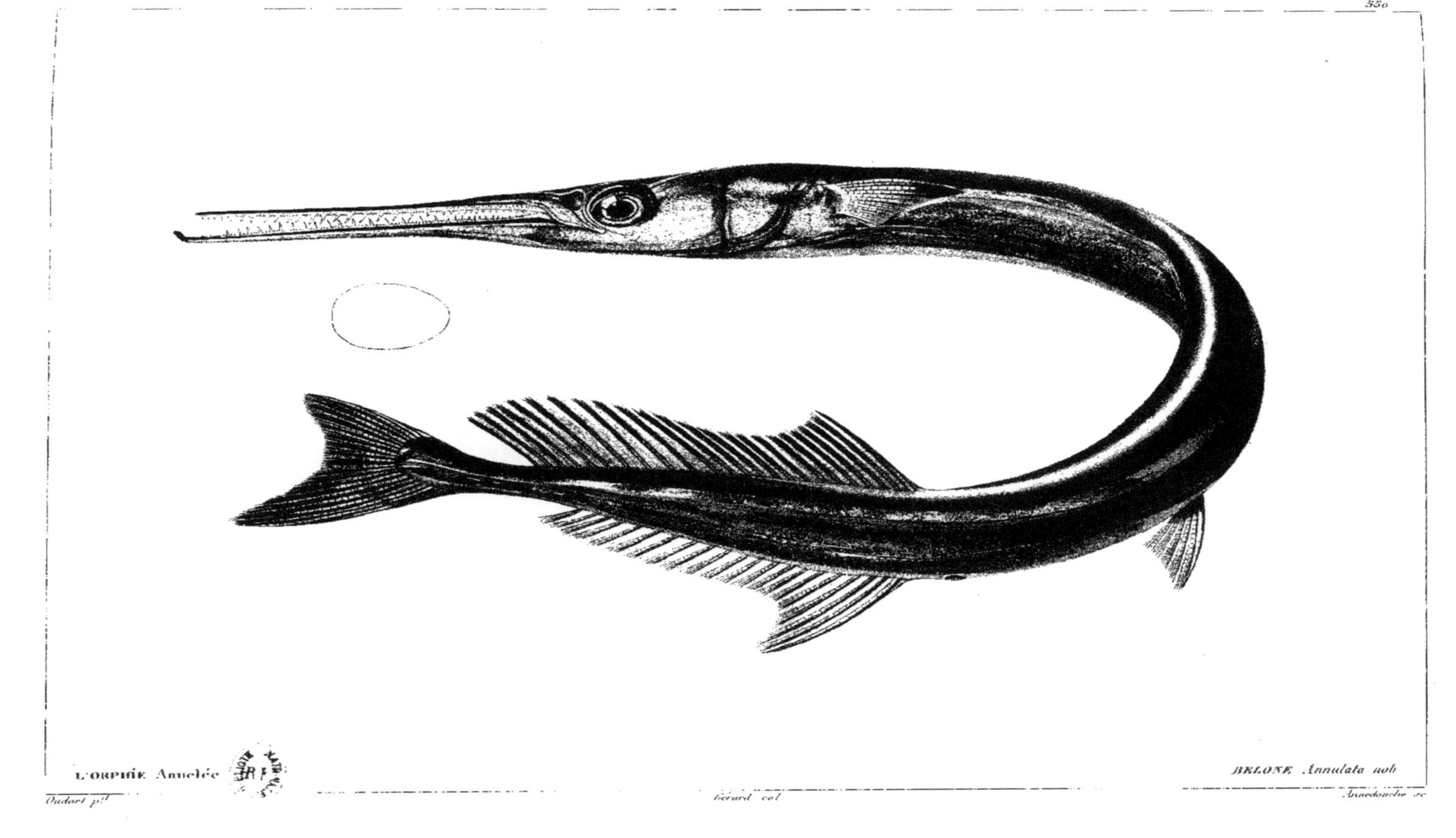

L'ORPHIE Annelée   BELONE Annulata nob

Oudart p.t   Gérard col   Annedouche sc

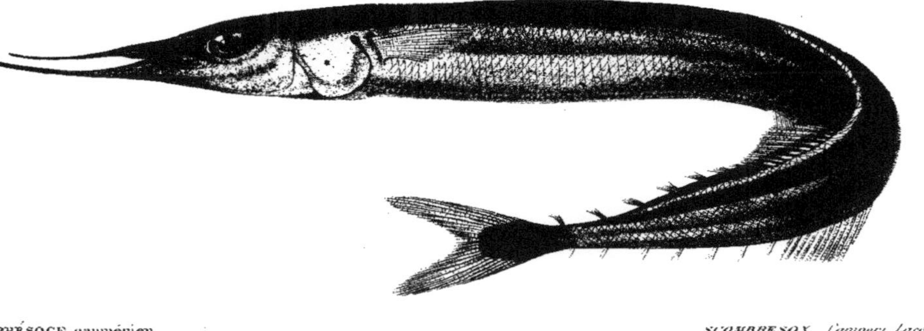

SCOMBRÉSOCE campécien.   SCOMBRESOX Camperi Lacep.

Oudart p.^{it}   Gérard col.   Annedouche sc.

TRICHOMYCTÈRE Pointillé

TRICHOMYCTERUS punctatus nob

Oudart p.t

Gérard col

Annedouche sc.

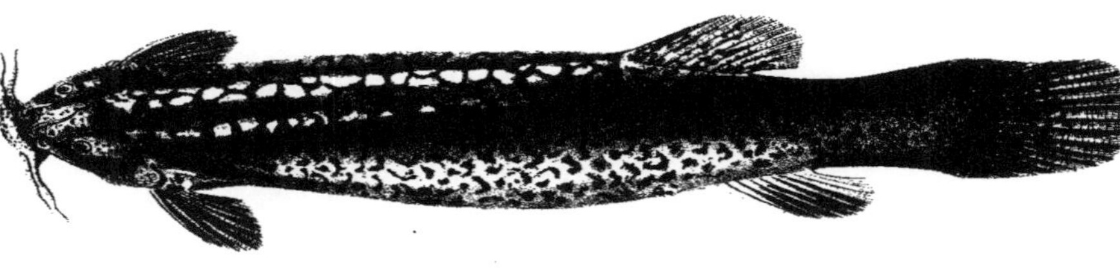

ÉRÉMOPHILE de Mutis
ÉRÉMOPHILUS Mutisii Humb.
Oudart p.t
Gérard col.
Annedouche sc.